THE FUTURE OF TOKYO URBAN-CORE

かえよう東京
世界に比類のない国際新都心の形成

特定非営利活動法人
都心のあたらしい街づくりを考える会
都市構造検討委員会 編
伊藤滋 監修

鹿島出版会

目次

はじめに 伊藤 滋 …008

第1章 オリンピック後をみすえた東京都心のまちづくり …011
序 将来の東京都心の都市構造　明治大学教授　青山 佾 …012

東京大都市圏の環状メガロポリス構造と集約型地域構造 …014
　東京の広域都市圏を連携する環状道路網
　東京圏の生産力を支える鉄道網
　新しい考え方としての集約型地域構造
　東京圏における都心部と周辺部の関係

都心軸の構造変化と都心機能の質的充実・量的拡大 …020
　都心各地区の床面積の集積状況
　新たな都心軸の形成と都市構造の変化
　ビル床の需給バランスと土地利用政策
　水とみどりのネットワークの形成

2020年オリンピックと東京の都市構造 …025
　オリンピックが都市に与える影響
　東京2020大会の施設配置計画
　オリンピック後をみすえた競技施設や選手村の姿
　オリンピックと臨海部・都心部の公共交通

オリンピック後の東京の将来像をみすえて …031
　東京都心の魅力（ニューヨーク、ロンドンと比較して）
　東京2020大会の成否の鍵を握る議論と準備

第2章 国際性・先駆性を有する東京都心のまちづくり …033
序 国際競争で勝ち残れる東京に
　　都心のあたらしい街づくりを考える会 都市構造検討委員会 委員長　伊藤 滋 …034

国際競争に負けない東京都心に向けて …036
　これからはアジアの時代
　アジア経済と一体化する日本
　アジアとの競争に苦戦する日本
　アジア諸都市との比較からみた東京
　東京の強み
　東京の弱み

東京都心の将来像 …045

真の国際化を図る
　　高度防災・自立型環境都市を構築する
　　緑地や水辺、回遊の楽しい散歩道のネットワークを形成する
　　情報・新しい刺激を受発信する
　　多様な用途や機能が集積する
　　歴史を大切にしながら絶え間ない新陳代謝を繰り返す

第3章　水と緑を活かした東京都心のまちづくり …053
　　序　水と緑の歴史と都市の再開発　　北海道大学名誉教授　越澤 明…054

東京の緑を取り巻く現況…056
　　水と緑の資源を育てる豊かな地形
　　緑の現況と取り組み
　　大規模開発による緑の貢献

東京都心の水と緑の変遷…060
　　台地と谷地の複雑な地形からなる東京都心
　　大規模敷地に残る緑と細分化され失われた緑
　　赤坂周辺地域／六本木・東麻布周辺地域／
　　小石川・後楽園周辺地域／お茶の水周辺地域

大規模開発による緑とオープンスペースの創出（創られた緑）…070
　　緑の再生・保全からコミュニティの場へ
　　アークヒルズ／泉ガーデン／東京ミッドタウン／六本木ヒルズ／
　　恵比寿ガーデンプレイス／丸の内（丸の内ビルディング他）

大規模開発の連担により広がる緑のネットワーク…084
　　六本木・虎ノ門地区／大崎駅周辺地区

第4章　東京都心における交通インフラとまちづくり…089
　　序　相互補完する多様な東京都心を支える交通インフラの実現
　　　　日本大学教授　岸井隆幸…090

交通インフラからみたあたらしい東京都心…092
　　交通に関わる課題に応える
　　　　コラム1 東京の土地利用転換を支えてきた交通／
　　　　　　　　　世界に類をみない公共交通依存型の都市をつくってきた東京
　　東京を取り巻く交通インフラの動向
　　交通の変遷から捉える3つの都心

多様な機能導入が期待される2つの地域
- **コラム2** サウスゲートとしてのポテンシャルを備えた品川駅周辺／
世界とつながる臨空ゾーン（3つの交通）
- **コラム3** 東京都心部の鉄道ネットワークと駅勢圏／東京都心部の地形と道路ネットワーク

世界一の都心交通システムの実現に向けて
～3つの都心・臨空ゾーン・臨海フロンティア・地域内を魅力的にネットワークする～ … 102
提案の基本方針
東京駅周辺エリア／新宿エリア／赤坂・六本木・虎ノ門エリア／臨海フロンティア
- **コラム4** 東京圏における今後の都市鉄道のあり方について（2016年4月　交通政策審議会答申）

第5章　低炭素で防災に優れた東京都心のまちづくり … 117
序　世界一安全・安心で低炭素な東京都心づくり
早稲田大学名誉教授　尾島俊雄 … 118

東京のエネルギーと防災性向上 … 120
東日本大震災から得た教訓
首都直下地震への対処
東京電力の電力需給実態
東京ガスのインフラ整備実態
東京湾の石油備蓄と安全・安心問題
東京都心の排熱導管ネットワーク構想
- **コラム5** ヒートアイランド現象緩和と「風の道」づくり

業務継続地区（BCD）実現に向けて … 129
高まる企業の災害対応意識
首都直下地震の被害想定と対策
災害時業務継続地区の拡充（2015年度）
CGS導入と新都市共同溝による防災性向上

スマートエネルギーシステムの展開と水素社会の実現に向けて … 134
日本のCOP21（パリ協定）対策
スマートエネルギーシステムの展開
水素社会の実現に向けて

第6章　エリアマネジメントで実現する成熟時代のまちづくり … 139
序　新たな課題解決を担うエリアマネジメントの実践
～高度防災・環境先進都心を育てる～　横浜国立大学名誉教授　小林重敬 … 140

東京都心のエリアマネジメント活動動向 … 142
　　活動地域と内容
　　エリアマネジメントの類型

エリアマネジメントの活動事例 … 146
　　六本木ヒルズ【I 大規模開発型】
　　大手町・丸の内・有楽町地区【II-1 既成市街地型（ビジョン共有型）】
　　日本橋地区【II-2 既成市街地型（プラットフォーム型）】
　　銀座地区【II-3 既成市街地型（既存地域価値前提型）】
　　活動を通じて得られた成果と課題
　　　　コラム6　エリアマネジメントの財源確保の仕組み～BIDとTIF

これからのエリアマネジメントに求められる役割 … 156
　　より高度な公共性の実現
　　活動の広域連携
　　　　コラム7　始動した環状二号線新橋・虎ノ門地区沿道のエリアマネジメント

成熟時代のエリアマネジメントの実現に向けて … 160
　　地域の実情に適ったエリアマネジメント推進体制
　　エリアマネジメント推進体制を支える各要素のあり方

第7章　大学を活かした東京都心のまちづくり … 165
序　世界に比類のない国際大学都市の形成
　　早稲田大学特命教授　伊藤　滋　明治大学教授　市川宏雄 … 166

日本における大学の現状 … 168
　　東京の大学の現状
　　諸外国の大都市の大学集積エリアとの比較

世界に比類のない国際大学都市の提案 … 170
　　これからの東京都心の大学に求められるもの
　　国際大学都市のコンセプト
　　国際大学都市形成の4つの戦略

大学を活かした都心のまちづくり … 172
　　早稲田地区／三田地区／神田駿河台地区／飯田橋四谷地区

世界に比類のない国際大学都市の形成に向けて … 190
　　「大学再開発特区」の設定
　　地域整備の中に大学を適正に位置づける
　　地域に開かれたキャンパスの充実

第8章 赤坂・六本木・虎ノ門・新橋地域のまちづくり …193
序 国際性・先駆性を有するアジアを代表する都心の創造
都心のあたらしい街づくりを考える会 都市構造検討委員会 委員長　伊藤 滋 …194

赤坂・六本木・虎ノ門・新橋地域の特徴 …196
良好な住環境・国際性・情報発信・自然と歴史の強みを生かす
補う余地がある土地利用や交通インフラ
この地域の現状からみえてくるもの
地域を取り巻く環境の変化

赤坂・六本木・虎ノ門・新橋地域の将来像 2025年 …203
国際性・先駆性を有する都心の将来像
多彩な用途が複合した土地利用
ゾーン分割とその地域運営
将来像実現のための整備方針
　コラム8 交通基盤の強化

立体緑園都市実現のために …210
数値目標と効果の試算
実現のための25のガイドライン（案）

2025年の都市空間イメージ …220

森・伊藤による将来の都市空間イメージ …222
都市空間の考え方と手法
森・伊藤による将来の都市空間イメージ［グランドデザイン］
3つの文化都心と国際文化の散歩道

21世紀の都市文化の国際的担い手であった森稔氏 …228

結びにかえて 黒川 洸 …232

付録 …233
特定非営利活動法人　都心のあたらしい街づくりを考える会／
都市構造検討委員会委員等

はじめに

伊藤 滋

　今から10年くらい前であったろうか、私の友であった今は亡き森稔さんが私のところに来て次のような話をした。"これからの東京はますます激しくなる世界の巨大都市競争の波に巻き込まれることになる。その競争に立ち向かってゆくためには、新しい知恵と情報が必要である。伊藤の都市計画の人材ネットワークから優れた大専門家を何人か森ビルに招聘して、勉強会を始めてみたい。何年か時間をかけて勉強をして、東京がこの大戦争に勝ち抜く方策を見出してゆきたい。その成果は、森ビルだけでおさめるのではなく、広く行政官や都市を動かす学者や企業のリーダーにも知ってもらいたい"と話を続けた。彼のこの依頼は真剣であった。

　森稔氏は通常の不動産経営者が持ち合わせていない彼独特の都市を創り上げる理想像を持っていた。その都市づくりの主張はしばしば周囲を驚かすほど、独特で個性的であった。その彼が自らの意見を差し控えてでも、より客観的に専門家と東京の都市づくりの勉強をしたいとひたむきに思いこんだことにはそれだけの理由があった。私はこの相談を受けて、彼がこれまでになく"現実社会との接点"を求めていると思った。当時、森稔氏は六本木ヒルズを竣工させて2、3年たっており、次のより大きな再開発プロジェクトを虎ノ門周辺で考えていた。それは、数本の超高層ビルのほかに地下鉄の駅もつくり、周辺の市街地とも"なじまなければならない"プロジェクトであった。単体の超高層ビルをつくり、周辺の市街地とのつながりはあまり考えないという一般の不動産企業型の再開発とは異なってくる。それだけに、これまでの森稔氏のコルビジェ的再開発とは異なり、まさに東京型の再開発を進めなければならないという必要に迫られていた。彼の申し出の背景にあるこの事情を察して、私は新しい東京都心の勉強チームを発足させることを心に決めた。私が親しくさせてもらっている、現役で働き盛りの先生方に委員就任をお願いした。その専門分野は都市政策、都市計画から交通・緑地・環境に広がり、委員の数は10名を超えた。このようにして、都心のあたらしい街づくりを考える会の一つの活動として、都市構造検討委員会を発足させることができた。この勉強会は約10年続いたと思う。森稔氏は一度もこの勉強会を欠席することはなく、熱心に議論に参加してくれ

た。その委員会の研究途上で森稔氏は急逝したのである。

　委員会は森稔氏の逝去後も続いて、ようやくそれぞれの専門分野の委員の研究成果を発表することができた。その成果はさすがに日本を代表する都市関連分野の先生が手掛けただけあって素晴らしいものであったと私は確信している。ただし、専門組織の違いもあって、将来の展望についての時間尺度には様々な違いがある。私が明治大学の市川宏雄先生と一緒に提起した大学キャンパスを中心とした大規模再開発構想は、あまり現実の対象市街地の実態分析をしていない。米国のボストンとかバークレイといった大学都市を見習って描き出した立体空間的発想である。北海道大学の越澤明先生の緑地体系の再編成は時代を先走りすることなく実態を調査した研究である。将来の時間想定を頭におけば、私と市川先生の提案と越澤先生の調査結果の間に日本大学の岸井隆幸先生の交通体系調査報告書が位置づけられる。この報告は、今後20年間における公共事業体による東京の交通施設再構成を見事にまとめあげものである。

早稲田大学の尾島俊雄先生の"排熱を完全に回収する"夢多き提案はきちんとした実態調査をもとになされた労作である。都市計画のソフト領域であるArea Managementに関する横浜国立大学の小林重敬先生の報告と都市政策の全体的方向性を体系的にまとめた明治大学の青山佾先生の報告も、長年両先生が東京にかかわりその将来を見据えてきたこれまでの研究成果を展開させた、今後10年程度の将来構想であった。委員会はその他に東京工業大学の黒川洸先生、東京大学の浅見泰司先生、そして東京都心で活躍する企業等の方々の熱心な参加と有益な指導、助言を頂いた。深く感謝する次第である。

　もし森稔氏が生きていて、この研究成果を手にすることができていたら、彼の都心市街地再生への挑戦は、西欧型合理主義と日本型調整主義を見事に融合した作品を造りだしていたと思う。しかし幸いなことに、森稔氏の意を体した後継者辻慎吾社長が都心南部地域で壮大な都市再生プロジェクトを展開しようとしている。彼もまた、この都市構造検討委員会のメンバーであった。この委員会の成果が彼の手腕によって東京の将来に見事に反映されることを希望する次第である。

第 1 章

オリンピック後をみすえた
東京都心のまちづくり

序

将来の東京都心の都市構造

　近年、東京の都心部の都市構造は大きく変化している。21世紀に入って発展が目立つのは、赤坂・六本木から虎ノ門、新橋、そして既存の汐留を経て浜松町・竹芝に連なる都心軸である。もともと東京都心部の中心は大手町・丸の内・有楽町から八重洲、日本橋一帯に至る軸があり、これも着実に発展している。3つ目の軸が、近年床面積の増加が著しい、築地から臨海部に至る地域である。

　2020年東京オリンピック・パラリンピック（以下「東京2020大会」）に伴い、この築地・臨海軸がさらに充実し、この地域の公共交通の整備が新たな課題となっている。東京2020大会は、2012年ロンドン・オリンピックに次いで、成熟した大都市におけるオリンピックとなる。

　1970年代後半から、東京都は多心型都市構造を都市としての基本方針と定め、都心の機能更新を抑制し、副都心を育成する政策をとってきた。なかでも新宿と臨海の両副都心の育成に重点をおく政策を推進してきた。

　これを修正したのが1995年の『とうきょうプラン'95』（東京都）で、今後都心の機能更新をはかっていくことを公式に表明した。これによって新しい丸ビルの完成が2002年、六本木ヒルズの完成が2003年、このときから東京の都心は面的な開発が促進され、都市再生法の成立も相まって今日まで発展が続くことになった。

　2015年に首都高速道路中央環状線の山手トンネルは完成し、新宿から羽田空港まで20分台で行くことができるようになった。また同じ年に新橋・虎ノ門間の環2トンネルが開通し、築地市場の豊洲移転を待って都心と臨海副都心の交通利便性が増す。これらは、東京の都市構造を大きく変えたといってよい。

　ロンドン・オリンピックの場合は、ロンドン東部で開催することによりこの地域の都市としての価値を向上させた。東京の場合は、都心部と臨海部という連続した地域で開催することにより、特に臨海部の価値を上昇させることになることが期待される。発展拡大した都心域と臨海副都心が、東京2020大会を契機に連続性を持つことにより、東京の都市構造は大きく変わろうとしている。

　東京大都市圏は、直径約100キロの圏央道都市圏が互いに呼応しながら発展していく構造をもっており、東京2020大会が開催施設を東京都心部と臨海部に限らず、いくつかの競技施設を東京大都市圏等に分散するよう計画を変更したことは、東京大都市圏の環状メガロポリス構造の発展に資すると考えられる。

　オリンピックの開催によって都市はさまざまに変化する。本章では、東京2020大会開催まで4年を切った時点において開催計画の現状を俯瞰し、近年の東京都心部の都市構造面における変化を分析し、将来の東京都心の都市構造を展望する。

明治大学教授　青山 佾

オリンピック後をみすえた東京都心のまちづくり
―― 本章の構成 ――

東京大都市圏の環状メガロポリス構造と集約型地域構造

- 東京の広域都市圏を連携する環状道路網
  環状1〜8号線、首都高速（都心環状線・中央環状線）、外環、圏央道の合計12本

- 東京圏の生産力を支える鉄道網
  山手線、大江戸線、武蔵野線・南武線の環状線、郊外鉄道と地下鉄との相互直通運転

- 新しい考え方としての集約型地域構造
  環状メガロポリス構造の堅持と同時に、各地域特性を伸ばすことを重視

- 東京圏における都心部と周辺部の関係
  東京の都市構造に支えられた調和を目指して

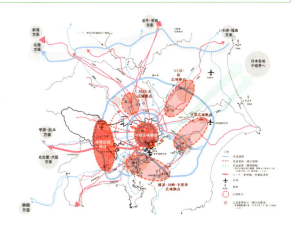

都心軸の構造変化と都心機能の質的充実・量的拡大

- 都心各地区の床面積の集積状況
  大手町・丸の内・有楽町、日本橋・八重洲、赤坂・竹芝、築地臨海、新宿等にプロジェクトが集中

- 新たな都心軸の形成と都市構造の変化
  赤坂・虎ノ門・新橋・汐留・竹芝・浜松町、品川、渋谷

- ビル床の需給バランスと土地利用政策
- 水とみどりのネットワークの形成

2020年オリンピックと東京の都市構造

- オリンピックが都市に与える影響
  都市構造の変化、都市交通の充実、市民生活の変化

- 東京2020大会の施設配置計画
  ヘリテッジゾーン、東京ベイゾーン

- オリンピック後をみすえた競技施設や選手村の姿
  新国立競技場、水泳競技場、海の森水上競技場、選手村

- オリンピックと臨海部・都心部の公共交通
  BRT、臨海部の道路計画、鉄道計画

オリンピック後の東京の将来像をみすえて

- 東京都心の魅力（ニューヨーク、ロンドンと比較して）
- 東京2020大会の成否の鍵を握る議論と準備

東京大都市圏の環状メガロポリス構造と集約型地域構造

これからの東京の都市構造について、2014年末に策定された東京都の『東京都長期ビジョン』は、「環状メガロポリス構造と集約型地域構造」という表現がなされた。これは、1995年の『とうきょうプラン'95』以降、東京都の都市構造論の基本であった「環状メガロポリス構造」の修正ととらえることができる。

そして2016年、その考え方をもとにした都市構造図（図1-2）が都市計画審議会に提出された。

左　現在も東京の中心点となっている江戸城天守台
右　拠点型都市構造をつくった太田道灌像（東京国際フォーラム）

1-1　東京の都市構造の歴史

時代	都市構造	計画名	策定者
中世	拠点型都市構造	―	太田道灌
江戸時代	一点中心型都市構造	―	徳川家臣団
1920年代	環状都市構造	震災復興計画	後藤新平
1980年代	多心型都市構造	東京都長期計画	鈴木俊一
1995年以降	環状メガロポリス構造	とうきょうプラン'95	青島幸男
2014年	環状メガロポリス構造と集約型地域構造	東京都長期ビジョン	舛添要一

東京の広域都市圏を連携する環状道路網

環状メガロポリス構造論は、内側から順に首都高速道路中央環状線、東京外かく環状道路（外環）、首都圏中央連絡自動車道（圏央道）の3環状道路の整備を主軸にして、直径約100キロの圏央道都市圏が互いに呼応しながら発展していくという考え方を基本とした都市構造論である。

2015年に首都高速道路中央環状線の山手トンネルは完成し、新宿から羽田空港まで20分台で行くことができるようになった。これは、東京の都市構造を大きく変えたといってよい。1980年ころから推進してきた多心型都市構造論の新宿副都心が、ビル床面積等のボリュームや交通結節点機能等においてほぼ完成した。永年の懸案であった、首都高速道路都心環状線の浜崎橋渋滞が解消した。環状2号線道路の新橋・虎ノ門間の完成による外堀通りの渋滞解消と相まって、2015年は東京都心部道路渋滞解消のひとつの節目として、東京の道路の歴史に記録されることになるだろう。

環状メガロポリス構造論の意義は、東西に細長い東京都という行政区域にこだわらないで、圏央道圏域を中心とする関東平野の一都四県

1-2 都市構造図

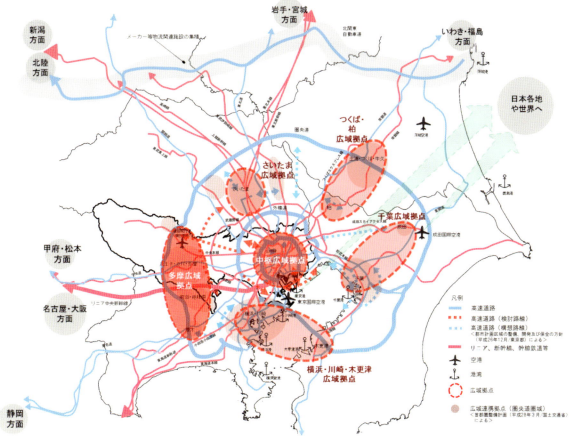

資料：2016年9月東京都都市計画審議会「2040年代の東京の都市像とその実現に向けた道筋について」答申

1-3 当初の首都高速道路網計画図

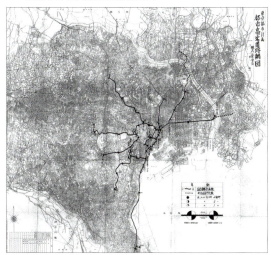

資料：東京都

1-4 外側から順に首都圏中央連絡自動車道（圏央道）、東京外かく環状道路（外環）、首都高速道路中央環状線

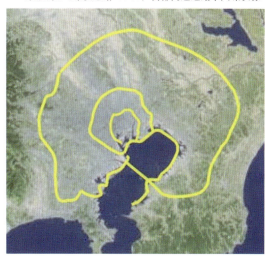

資料：東京都

1-5 世界3大都市圏の経済力比較

NY都市圏（NY10郡 NJ12郡 PA1郡 17,000km²・直径300km）GRP1兆2,140億ドル 1,890万人

東京都市圏（1都3県 13,000km²・直径200km）GRP1兆6,520億ドル 3,500万人

LONDON都市圏（大ロンドン+α 15,000km²・直径160km）GRP3,770億ドル 1,500万人

資料：東京都『東京都市白書』2013年

1-6 環1から環8までを計画した戦災復興計画の幹線街路計画図

資料：東京都

が、広域都市圏として連携をとりながら発展していくという考え方である。

東京都『東京都市白書2013』によると、東京都市圏（1都3県・直径約200キロ）は、GRP（地域総生産）においてニューヨーク都市圏（直径約300キロ）、ロンドン都市圏（直径約160キロ）を凌いでいる。ロンドンやニューヨークに比べた東京の強みは、この巨大かつ濃密な都市圏が有機的に形成され、それぞれ特色ある地域が互いに補完しあいながら機能していることである。

東京都市圏が機能している理由は、東京都内に環状道路を環1から環8まで8本、首都高速道路が都心環状線と中央環状線と2本、そして東京都外も含めて、外環（東京外かく環状道路）、圏央道（首都圏中央連絡自動車道）と、合計12本の環状道路を計画・整備しつつあるからである。

東京圏の生産力を支える鉄道網

鉄道においても都内に山手線、大江戸線と2本の環状鉄道を有しているほか、武蔵野線・南武線というさらに広域的な環状線（路線延長約100キロ）をもっている。近年、武蔵野線沿線の基礎自治体が元気であることは知られている。

1960年、東京の鉄道にとって記念すべき出来事があった。それは、新たに開業した都営浅草線と京成線が相互直通運転を開始したことだ。京成と都営地下鉄はこのとき、軌道の規格を互いに合わせるなど、大変な苦労をして相互直通運転を開始した。これを契機に、私鉄と地下鉄の相互直通運転は東京に普及した。

郊外鉄道が都市内に乗り入れて、乗客を乗せたまま地下鉄路線を走る、いわゆる相互直通運転を行うのが通例という都市は、世界的に見ても珍しい。他にはソウルなどで、例えば仁川（インチョン）に行く電車などでわずかに見られる程度である。

相互直通運転は、都市の時間距離をかなり短縮している。極端な例では、北総鉄道・京成・都営浅草線・京急の4線相互乗り入れなどというのもある。東京都内の鉄道は、その延長キロ数において、JRの約300キロに対し私鉄が

330キロ、地下鉄が240キロに及んでいるから、この私鉄と地下鉄の相互直通運転による利便性向上効果は大きい。

1960年代はまた、営団（現在の東京メトロ）も次々と地下鉄を建設し開業した時代である。戦後営団は、1959年までに16.6kmを開業しているにすぎないが、その後1969年までの10年間に71.8kmを開業している。

この時代に建設された地下鉄の最大深度をみると、日比谷線（1964年全線開通）が23m、東西線（1969年全線開通）が26m、有楽町線（1988年全線開通）が32mと深度を増していった。1960年代は、東京の地下利用の技術が飛躍的に進歩した時代でもあった。

今、東京23区のJR・私鉄・地下鉄の駅数は520を超える。ニューヨーク、ロンドン、パリはそれぞれ400前後だから、遥かに凌いでいる。駅数がこれだけ多いということは、徒歩圏に必ず駅があると言っていいほど、鉄道網が整備されているということだ。都心周辺部では、徒歩10分以内に駅がある地域が9割以上に及ぶ。

加えて東京の鉄道は、JR山手線と都営地下鉄大江戸線の2つの本格的な環状線を有している。これは、世界の他の大都市にはないものだ。2000年に開業した大江戸線は、他線との接続駅が多い（環状部28駅中21駅）という利便性を活かして開業以来乗客数が増え続けている。

結果として、東京圏、京阪神圏、中京圏に分けて移動のための手段をみてみると、鉄道の利用率が、京阪神圏の18%、中京圏の10%に対して、東京圏では25%に達する。EUでは、鉄道だけでなくバスも含めた公共交通の利用率がわずか10%にすぎない。これに対して東京では、自家用車を持たなくともほとんど不自由を感じないで行動できる。

このように東京の鉄道ネットワークは、郊外からの鉄道と地下鉄の相互直通運転、駅数が多い、本格的環状鉄道を2本もつなど、利便性を高めてきた。これは、1960年代からいかにして大量の遠距離通勤をスムーズに捌くかを工夫してきたおかげである。ニューヨーク、ロンドンに比べて優れた公共交通システムが、大都市東京の大きな生産力を支えている。

新しい考え方としての集約型地域構造

環状メガロポリス構造は前述のとおりであるとして、もう一つの集約型地域構造とは何か。東京都長期ビジョンは、「人口減少や高齢化が進行していく中でも、東京が活力を更に高めていくためには、身近な地域で誰もが活動しやすい、快適に暮らすことができるまちを実現する」として、「地域特性」「商業、医療、福祉などの日常生活を支える機能を集約」「拠点間のネットワーク化」「バリアフリー化」「良質な居住環境を創出」と説明している。以上から、都市構造論としては環状メガロポリス構造を堅持

するが、同時に、今後は各地域の地域特性を伸ばすことをより重視するとも読み取れる。

そう考えると「環状メガロポリス構造と集約型地域構造」を英語で表現するときは、Diverse Urban Communities within the Ring-Forming Megalopolis となるのだろうか。これはほとんど直訳のシンプルな表現だが、これでいいのだろうか。ふつう、英語に比べて日本語のほうが少ない文字で多くの内容を表すことができるのだが、この場合は英語で表現するほうが簡単なので、不思議な気もしてくる。

日本語では集約型となっているが、これを英語で直接的確に表現する言葉はみつからない。都市計画の言葉としてはコンパクトシティだが、これは現代の議論では高密度という意味で使われる例が多く、こちんまりという意味ではない。東京都の長期ビジョンで集約型というのは、現在日本政府が使っているコンパクトシティとは少し違う。

日本政府がコンパクトシティというのは、人口減少時代において疎らに住むのでなく、それぞれの地方都市の中心部に集約して居住するという意味合いが強い。例えば、愛媛県松山市の人口は近年増加してきたが、周辺部の人口は減少してきた。これは、松山市に雇用、医療・福祉、商業、大学などの機能が集中していて、周辺部から松山市への移住が多かったのである。

全国的に見られるこのような傾向をコンパクトシティという日本において、東京都市圏あるいは東京のコンパクトシティ化というのは、やや早すぎるかもしれず、今後30年を見通した場合にはコンパクトシティといっていいのかもしれない。微妙なところである。

ちなみに21世紀に入ってから、都市計画のあり方について日米欧がそれぞれ総合化への変化を遂げた。言葉で表現すると、日本が都市計画からまちづくり、アメリカが都市計画から総合計画（コンプリヘンシブ・プランニング）、ヨーロッパが土地利用計画から空間計画（スペイシャル・プランニング）といった具合である。

いずれも、都市計画を都市計画だけで考えないで、福祉、教育、住宅、環境、経済など総合的に考えようということと、計画の決定過程における社会の合意形成を重視する点において、共通性をもっている。これを、経済成長社会の都市計画から成熟社会の都市計画への進化ととらえることもできる。

東京圏における都心部と周辺部の関係

都市の拡大過程では、周辺部の問題がクローズアップされることが多い。初期段階では、都市が拡大していくに従って周辺の農村との間で摩擦が生じる。日本の都市計画法は、1968年という市街地が急速に外縁部に向かって拡大していく時期につくられたので、都市計画の基本理念として「都市計画は、農林漁業との健全

な調和を図りつつ……」と、最初に周辺部に配慮を示している。

なお、周辺部の概念は相対的なものである。都心から見ると、東京都内である23区内にも周辺部は存在するが、23区全体から見ると、東京都内の多摩や神奈川、埼玉、千葉、茨城などの周辺県が周辺部である。

また、都市の発展段階に応じて周辺部はさらに外側に移っていき、従来は周辺部として扱われていた地域が都心部の一部として扱われるようになる場合もある。

都市の拡大過程において、都心部が業務・商業に席巻されて人口が減少する時期がある。このような時期には、郊外の良好な住宅地から都心への通勤客が急増し、交通網の整備が追いつかないことがある。また周辺部においては、道路、鉄道、学校、病院、清掃など財政需要が急増し、都心に対する不満が噴出することもある。

周辺部においても、昼間は都心に通勤して夜帰ってきて寝るという単純な住宅地ではなく、周辺部のそれぞれのまちが、一定の業務機能も併せもった特色あるまちに変わっていく。

都市全体がこのように成熟段階に達すると、都心と周辺部の対立も解消され、都心にも人が住むようになる。このような段階になると、政策的には、都心と周辺部の間の放射方向の交通問題より周辺部のそれぞれの特色をもった地域相互を結ぶ交通ネットワークの形成が重要になっていく。都心と周辺部の問題が、対立ではなく調和の段階に達して初めて都市は成熟段階に達したといえるだろう。これは、東京と地方都市との関係についても同様のことがいえる。

日本において、都心と周辺部、東京と地方都市の格差・対立が激しい問題となっていないのは、高速道路と新幹線のネットワークの形成や通勤路線の充実に務めてきたからでもある。また国における政治力学が、つねに周辺部、地方都市の生活水準向上すなわち格差是正に働いてきたためでもある。そういう意味では、都市の成熟は周辺部との調和の過程であるともいえるだろう。

欧米の巨大都市では、都心部が荒廃して一定以上の所得をもつ階層は郊外に転出していった時代があった。しかし東京では、都心の人口が減って郊外化する時期はあっても都心が荒廃することはなかった。結果として、郊外に住むか都心に住むかの選択肢が不十分ながら存在している。東京圏の外周部を走る圏央道の路線には、東から順に、成田、つくば、久喜・白岡、青梅、横田、八王子、相模原、海老名という主要な都市がある。これらの地域は、いずれも首都圏における重要な機能を担っている。

2030年代には東京圏の人口減少が予想されるが、東京の周辺都市は、いずれも単なる住宅としてではなく相当の業務機能を担っている。これら業務機能を維持できる都市においてこそ、21世紀的に快適な都市生活を営むことができることを今から強く意識した政策対応が望まれる。

都心軸の構造変化と都心機能の質的充実・量的拡大

都心各地区の床面積の集積状況

2016年3月に発行された『東京都市白書』（東京都都市整備局）によって、1991年に比べた2011年における都心各地区の合計床面積の集積状況を見てみよう。

この場合の合計床面積とは、業務、商業、住宅、生活（官公庁、教育文化、厚生医療）、その他（工業、倉庫・運輸、宿泊、スポーツ・興業、供給処理）など、すべての用途別床面積を合わせたものである。

これによる1991年から2011年までの床面積の推移は、都心軸（大手町・丸の内・有楽町、日本橋・八重洲）は17,055千㎡→21,481千㎡、赤坂・竹芝軸（赤坂六本木虎ノ門浜松町竹芝）は8,524千㎡→11,212千㎡、築地・臨海軸（築地晴海豊洲有明臨海）は4,122千㎡→12,304千㎡、新宿副都心は5,184千㎡→7,114千㎡となっている。

これらの内容を用途別に見ると、都心では生活（官公庁、教育文化、厚生医療）、赤坂・竹芝では住宅、築地・臨海では各用途にわたって伸び率が高い。新宿では業務とその他（工業、倉庫・運輸、宿泊、スポーツ・興業、供給処理）の増加率が高い。床面積が増えている点では共通だが、内容的にはそれぞれに特色をもったまちとして発展している。

床面積のボリュームからいうと、東京の都心は、大手町・丸の内・有楽町、日本橋・八重洲の都心軸に加え、赤坂・竹芝軸そして築地・臨海軸が連携し新宿が副都心として存在している。2020年に向けこれらの地域にはプロジェクトが目白押しである。代表的なものを上げると、大手町二丁目常盤橋地区（概算床面積・以下同じ680千㎡）、八重洲一丁目東地区（240千㎡）、八重洲二丁目北地区（316千㎡）、（仮称）丸の内3-2計画（172千㎡）、（仮称）OH-1計画（361千㎡）、虎ノ門一丁目地区・虎ノ門駅前地区（221千㎡）、虎ノ門トラストシティワールドゲート（210千㎡）、（仮称）虎ノ門2-10計画（180千㎡）、赤坂一丁目地区（175千㎡）、（仮称）竹芝地区開発計画（171千㎡）、浜松町二丁目4地区（369千㎡）などがある。

ここに示したプロジェクトだけでも、床面積合計は3,000千㎡を超える。丸ビル約20棟分であるが、これら一連のプロジェクトの意義は、2002年丸ビル、2003年六本木ヒルズの完成以来、連綿と続いてきた東京の都心プロジェクトが連続性をもつことによって、新たな都心軸が形成され、都市の機能が飛躍的に充実するところにある。

1-7 都心各地域床面積の推移

	1991年	2011年
都心	17,055千㎡	21,481千㎡
赤坂・竹芝	8,524千㎡	11,212千㎡
築地・臨海	4,122千㎡	12,304千㎡
新宿	5,284千㎡	7,114千㎡
池袋	2,164千㎡	2,715千㎡
渋谷	1,926千㎡	2,751千㎡
大崎	1,447千㎡	2,146千㎡
品川	333千㎡	2,006千㎡

資料：東京都「東京都市白書」2016年から作成

新たな都心軸の形成と都市構造の変化

　各プロジェクトの内容を見ると、たとえば大手町二丁目常盤橋地区は、皇居のお堀端から始まった連鎖型の再開発がJRの線路を超えて日本橋と結ばれることになる。八重洲一丁目東地区、八重洲二丁目北地区は、細かい敷地をまとめて全国新幹線網の拠点である東京駅玄関口にふさわしい街をつくり、バスターミナルの設置により東京駅八重洲口機能を飛躍的に向上させる。(仮称)丸の内3-2計画は、国際フォーラムとの連携により有楽町の国際会議機能を充実させ、東京駅と皇居側地下鉄各線との歩行者ネットワークを改善する。(仮称)OH-1計画は、パレスホテル、大手町ホトリア等と経団連会館等周辺ビル群との連続性を実現する。

　虎ノ門一丁目地区・虎ノ門駅前地区は、虎ノ門ヒルズの機能を完成させ、銀座線虎ノ門駅及び日比谷線新駅との歩行者ネットワークにより、公共交通機関利用の利便性を増す。そのバスターミナルは、羽田空港や臨海副都心からの公共交通機関利用を促進する。虎ノ門トラストシティワールドゲート、(仮称)虎ノ門2-10計画、赤坂一丁目地区は、赤坂・虎ノ門一帯の歩行者ネットワークを飛躍的に便利にする。歩行者にとって空白地帯だったこの地域のイメージが、大きく変わる。

　従来、永田町は政治、霞が関は行政、丸の内は大企業本社、大手町は金融、日本橋は商業、赤坂・六本木は外資、といったイメージが仮にあったとすると、虎ノ門のイメージは一般の人にはやや希薄だったが、虎ノ門一帯の再開発が進むことによってこの地域の具体的なイメージが形成されていくといいと思う。

　これらのプロジェクトと新橋・虎ノ門間の環二沿いの各再開発から、汐留を経由して(仮称)竹芝地区開発計画・浜松町二丁目4地区(かなり長い距離に歩行者デッキが設置される)との連続性により、赤坂・虎ノ門・新橋・汐留・竹芝・浜松町という新たな都市軸が都心に形成される。

　今までの東京都の計画においては、都心あるいは都心周辺部は、概ね首都高中央環状線内側の範囲を指していたように考えられる。この都心の範囲は、今後変化するのだろうか。集約型地域構造をコンパクトシティと訳していいとすると、都心の集積度はさらに増していくのだろうか。この数年、品川駅から海側が脚光を浴びているが、この現象は続くのだろうか。続くとすれば、東京の都市の範囲が南側に向かって拡大していくことになる。これは、集約型地域構造とは逆方向なのだろうか。

　東京都の多心型都市構造論が交通の結節点という要素を重視していたことを考えると、南部に将来性があるようにも見える。一方多心型都市構造論の各副都心が、交通の結節点というだけで成長しなかった(ビル床等が格別に大きくは集積しなかった)ことを考えると、今後の集積は多くないかもしれない。

霞が関、永田町、そして丸の内・大手町、さらには赤坂・六本木、あるいは日本橋というそれぞれに特色をもった日本の政治・行政・経済の中枢管理機能に匹敵する機能を、今後品川駅南側の地域がもつかどうか、慎重に考えることも大切だと思う。都市構造を論ずるには、ムードに左右されないほうがいい。

　政治・行政・経済の中枢管理機能という意味では、渋谷は都心ではないが、文化的な吸引力として、特に若者の間で圧倒的な吸引力をもっている。私たちは、経済力では東京、ニューヨーク、ロンドンを世界都市というが、パリを文化における吸引力で無視できないように、渋谷はビル床面積では副都心的でないかもしれないが、文化的には副都心といえる。

　床面積の量的拡大が連続することで、世界的な知的活動拠点としての質的充実へと、東京都心が進化する点に意義がある。点から面に展開するように、都心の機能は充実する。都心部と臨海部を中心にスポーツ・文化施設が新設・更新されることにより、東京都心部・臨海部の構造は大きく変化し、充実することになる。

1-8 都心の都市構造

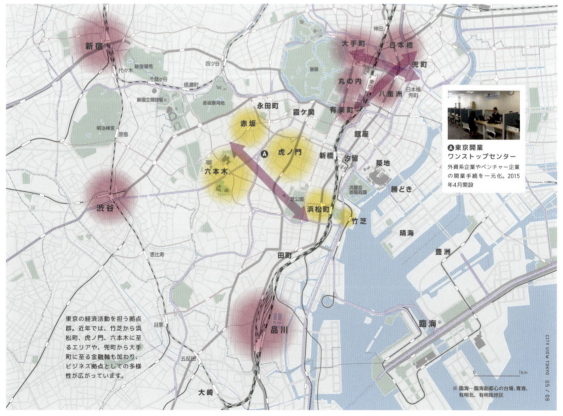

資料：東京都「東京都都市白書」2016年

ビル床の需給バランスと土地利用政策

　ビル床の量的拡大が行き過ぎると需給バランスを崩し、市場原理による都市のジェントリフィケーション（質的充実）をも妨げる結果となる。現在の東京の都心政策は、容積率等の規制緩和によって都心における床面積の拡大を促進、東京の都心機能の質的充実をはかろうとしているが、どこかの時点でそれを修正しなければならないのだろうか。ビル床の需給バランスのうち、住宅についてはどうか。私たちは長い間、一人当たり居住面積の拡大を住宅政策の課題の一つに挙げていた。特別区協議会『特別区の統計』によると、2013年における一人当たり畳数は12畳（1畳は約1.65㎡）となっていて、同じ統計による2003年の10畳余にくらべると、多少広くなってはいるようだ。

　しかし国土交通省都市局による分譲マンションの平均面積の推移をみると、土地価格や建設コストが下がる時期は面積が増加傾向を示し、逆に上昇期には平均面積が減少する傾向にあり、新築分譲マンションの一人当たり居住面積の増加傾向は、必ずしも顕著でない。

　近年東京において目立つのは、マンションの多様化である。天井を高くする、セキュリティを強化する、ジムを設置する、管理人の各種サービスを拡充するなどラグジュアリー化、ひいてはサービス・アパートメント化（ホテル並みのサービス提供）、大浴場・レストラン・診療所などを併設するアクティブシニア向けマンション、さらに一歩進んでデイサービス・訪問介護・ショートステイ・診療所・サービス付き高齢者住宅・グループホーム・レストラン・配食サービスなどを伴う小規模多機能居宅介護付きマンションなど、様々なニーズに応えるマンションの多様化時代が到来しているように見える。

　ロンドン、ニューヨークとも、政策的に市内の住宅を毎年数万戸増やすことにしているし、パリでも積極的な住宅建設計画をアピールしているが、東京ではそのようなことにはならない。しかし質的には多くの課題を抱えている。バリアフリー化や老朽マンションの更新の問題である。

　都市再生特別措置法制定当時、2003年ビル床過剰説というのがあった。この説は外れたが、私たちは常に都市の機能更新とビル床需給の問題に直面している。2003年のときは、その年に完成する六本木ヒルズなど、都心の大型ビルの床面積合計が2,000千㎡を超えていた。しかし今は、2016年完成予定の大型ビルはJR新宿ミライナタワー（概算床面積111千㎡・以下同じ）、住友不動産六本木グランドタワー（180千㎡）、大手町フィナンシャルシティグランキューブ（194千㎡）、東京ガーデンテラス紀尾井町（227千㎡）、京橋エドグラン（114千㎡）などで、合計しても当時の半分程度である。

　これからの東京における床需給増減の要因を考えてみると、下記のように需要増加要因が多

い。(◎、○は増加要因の予想、△は減少要因の予想)
　○外国人（観光、ビジネス、移民、留学）
　○経済金融規制緩和
　○法人税の引き下げ
　○TPP（輸出入取引増加）
　○グローバル企業利益移転規制強化
　◎都市の機能更新（必ずしも老朽化によるとは限らない。情報化・サービス化・商業化・宿泊や住居等機能更新あり）
　◎さらなる都市化の進行（日本中で進行している）
　◎交通ネットワークのさらなる充実（新幹線網、リニア中央新幹線、羽田空港）
　△政府省庁移転
　△世界経済の低迷

　なおホテル用地の容積率は、現行の容積率の1.5倍までかつ最大300%を上限に上乗せできることになっており、今後ホテルは一定程度増加することになる。2015年の国土計画が、戦後初めて「宅地の伸び率ゼロ」を宣言したように、土地利用政策の転換は重要である。これから東京の都心部に出現する更地には、従前用途がビル床だった場合はテナントや居住者の戻り入居のためにも再度ビル床を認めるが、そうではなく公共施設等が更地化した場合は、オフィスやマンションの類いの用途は認めないで、スポーツ、ファッション、美術、音楽、産業イベントや、さまざまなエンターテインメントを楽しむ場をつくっていくようなコントロールをすることが、都市政策として求められると思う。

水とみどりのネットワークの形成

　水とみどりのネットワークについては、一点だけ触れておきたい。

　佐藤昌『欧米公園緑地発達史』（1968年）は「我国の公園が遅れた原因」として「余りに恵まれ過ぎた気候と、手近にあり過ぎた美しい自然に溺れていたこと」等を挙げている。それから半世紀、東京は都市公園の充実に努めてきた。これからは、水とみどりをネットワークあるいは一つの都市軸として形成していく時代である。

　たとえば玉川上水は、多摩川の水を江戸のまちの上水とするため、羽村から四谷大木戸まで約43キロにわたって自然流下の水路を開削したものである。17世紀の半ばに完成して以来、350年以上にわたって流路の周辺を潤しながら豊かな水を運び続けている。

　いくつもの分水路があり、多摩から新宿に至る東京のまちに、多くの樹林、庭園、崖線など豊かな景観をもたらしてきた。農業にも役立ってきた。江戸は水都といわれるが、そもそも水は都市の生命線であり、玉川上水なくしては江戸東京の発展はなかった。

　成熟社会の日本で、人々は都市に対して従来以上に水とみどりを求めている。荒川、江戸川、多摩川等主要な河川に加え、神田川、妙正寺川、善福寺川、玉川上水等、広い範囲にわたって連続性をもった水とみどりは、これからの都市構造で主要な軸となる。

2020年オリンピックと東京の都市構造

　オリンピックは国家的行事ではあるが、政府が開催するのではなく都市が開催する。都市はオリンピックの成功に向けて全力を傾注し、国民も国家もそれに協力する。

　オリンピックを開催することによって、都市は多くの懸案事項を解決し、また思わぬ効果が生じる場合も多い。思うような成果がない場合もあるが、国際的には、オリンピック開催がその都市の進歩に貢献することが期待される。

オリンピックが都市に与える影響

　近年、オリンピックが都市に与える影響はますます大きくなっており、オリンピックと都市をめぐる論点はいろいろあるが、特に❶都市構造の変化、❷都市交通の充実、❸市民生活の変化が期待される。

　まず都市構造の変化については、オリンピックは多くの競技が同時進行的に、しかも役員、審判、選手、観客、メディアなどの有機的な連携のもとに実施されるため、都市の一定地域が集中的に整備される。そのため、都市構造全体に大きな影響を与える。

　また、オリンピック開催によるインパクトにより、オリンピックの競技施設建設以外の面でも都市の発展が期待される。

　次に都市構造の変化に伴って、選手や観客の大量輸送のため、都市交通が整備される。路線等が増設されるだけでなく、輸送手段も多様化して進化するのが普通である。

　現代では、一般に都市に対する投資は地方に対する投資とのバランスという政治的要因により抑制されがちであるが、オリンピック開催が、従来から懸案とされてきた都市交通施設に対する投資促進の契機となることもある。

　第3に市民生活の変化については、恒久・仮設を含めて各種競技施設が整備されるほか、オリンピックでは文化イベントが重視され、この面でも充実が期待される。

　オリンピックの開催に伴って市民の間でスポーツ・文化活動が盛んになるほか、オリンピック憲章は世界平和、差別の解消を重視しており、多方面にわたって市民生活が変化していく。

東京2020大会の施設配置計画

　東京2020大会の会場計画は、1964年の東京大会のレガシーを引き継ぐ「ヘリテッジゾーン」、都市の未来を象徴する「東京ベイゾーン」の2つのゾーンから構成されている。

　当初計画に比べ、レスリング・フェンシング・テコンドーを千葉市幕張メッセで、バスケットボールをさいたま市のさいたまスーパーアリーナで、セーリングを神奈川県藤沢市の江の島ヨットハーバーで、自転車競技（トラック・レース）を静岡県伊豆市の伊豆ベロドロームで、自転車競技（マウンテンバイク）を静岡県伊豆市伊豆マウンテンバイクコースでなどと、東京都外

1-9 東京2020大会の会場配置の考え方

資料：東京2020組織委員会

で開催することになり、これらの競技については会場が分散されることになった。

コンパクトな会場計画という当初の理念とは多少異なる結果となったが、これらの分散は、既存施設の活用により膨大な経費を節約するだけでなく、スポーツ施設が1か所に集中する弊害をさけ、オリンピック後にも永く競技場が市民に親しまれるというオリンピックレガシーの考え方にも沿うものとなるだろう。

2017年1月現在、東京の都心において行われる施設配置計画は次の通りである。

ヘリテッジゾーン

新国立競技場（オリンピックスタジアム）（開閉会式・陸上・サッカー）、東京体育館（卓球）、国立代々木競技場（ハンドボール）、日本武道館（柔道・空手）、皇居外苑（自転車競技・ロードレース［スタート・ゴール］）、東京国際フォーラム（ウエイトリフティング）、国技館（ボクシング）、馬事公苑（馬術［馬場馬術・総合馬術・障害馬術］）、武蔵の森総合スポーツ施設（バドミントン・近代五種［フェンシング］）、東京スタジアム（サッカー・近代五種［水泳・馬術・ランニング・射撃］・ラグビー）

東京ベイゾーン

有明アリーナ（バレーボール［インドア］）、有明体操競技場（体操）、有明BMXコース（自転車競技［BMX］）、有明テニスの森（テニス）、お台場海浜公園（トライアスロン・水泳［マラソン10km］）、潮風公園（バレーボール［ビーチバレーボール］）、青海アーバンスポーツ会場（スケートボード・スポーツクライミング）、大井ホッケー競技場（ホッケー）、海の森クロスカントリーコース（総合馬術［クロスカントリー］）、海の森水上競技場（ボート・カヌー［スプリント］）、カヌー・スラローム会場（カヌー［スラローム］）、アーチェリー会場（夢の島公園）（アーチェリー）、オリンピックアクアティクスセンター（水泳［競泳・飛込・シンクロナイズドスイミング］）、東京辰巳水泳競技場（水泳［水球］）、幕張メッセAホール（レスリング・テコンドー）、幕張メッセBホール（フェンシング）

またIOCは、2016年8月に野球・ソフトボール、空手、スケートボード、スポーツクライミング、サーフィンなど5競技18種目の追加を決定した。これらのうち、スケートボード、スポーツクライミングなどは、東京ベイゾーンで実施される見込みである。

多くの施設が東京ベイゾーンで開催されることになり、これらの中には新設のものが多く、後で述べるように東京臨海部地域における地下鉄等公共交通機関新設の動きに拍車がかかると予想され、東京の都市構造が大きく変化する可能性がある。

　2016年7月の東京都知事選挙で小池百合子氏が当選し、公約に基づき経費の見直しに着手した。特に有明アリーナ、オリンピックアクアティクスセンター、海の森水上競技場の3施設は具体的な見直し対象となり、整備費を圧縮して建設されることになったが、いずれにせよ、オリンピックによりベイゾーン地区のスポーツ等施設が飛躍的に充実することになる。

オリンピック後をみすえた
競技施設や選手村の姿

　国立競技場の設計について、2012年11月、JSCの審査委員会（安藤忠雄委員長）がザハ・ハディド氏の作品を最優秀賞に選定したあと、議論は混迷を極めた。

　その設計は近未来的なデザインで、ザハ・ハディド氏特有の流線型の建物が新宿副都心のビル群を背景に神宮外苑に宇宙船のように浮いているものだった。当時、2020年夏季オリンピック立候補都市として他の都市と競っていた東京にとって、オリンピックに対する意気込みを示す力強い主張が示されていた。

　結果的に首相が撤回を表明し、コンペをやり直すという経過を辿った。このときの議論の主要論点の一つに、東京2020大会の建築遺産は何であるべきかという視点も重要だったと思う。少なくとも立候補都市間の競争で、ザハ・ハディド氏の斬新なデザインが一定の役割を果たしたことは確かである。

　2020年オリンピックの東京開催が決まってから、政治資金問題による猪瀬知事辞職、国立競技場デザイン選定のやり直し、エンブレム選定のやり直し、政治資金問題等による舛添知事の辞職、さらにはリオ・オリンピック都議会視察中止と芳しくない話題が続いた。この辺でベクトル（方角）を変えて、東京2020大会によって次世代に何を残すかという、オリンピックの本質論に関わる議論に移ることが期待される。

　新しい国立競技場案は、地上2〜5階に国産スギを使ったひさしを設け、屋根にも鉄だけでなく木を使うなど、日本調を演出している点が最大の特徴である。スタンドと屋根の間に風を通し、5階に植栽し照り返しを減らすなどの工夫も日本風である（p28図1-10）。

　国立競技場を中心とするヘリテッジゾーンでは、オリンピック後のこととなるが、懸案であった神宮球場と秩父宮ラグビー場の位置交換が実現して周辺の再開発が実施されることで、神宮外苑のスポーツ施設の更新と交通動線の向上がはかられることが期待される。併せて老朽化

1-10 隈研吾氏設計による新しい国立競技場案

資料：大成建設・梓設計・隈研吾建築都市設計事務所JV作成／JSC提供

1-11 アクアティクスセンター

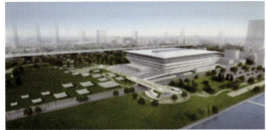

上　整備計画案（オリンピック開催中：2万席）
下　整備計画案（オリンピック終了後：5千席）
資料：東京都

1-12 海の森水上競技場

上　整備計画案　資料：東京都
下　競技場予定地からの都心眺望

した都営青山北町アパートの建て替えにより、保育園・児童施設等の子育て支援施設やサービス付き高齢者向け住宅等の整備もはかられる。

水泳競技場（オリンピックアクアティクスセンター）は、恒久施設として江東区辰巳の公園内につくる（図1-11）。

海の森水上競技場（図1-12）は、都民の募金（みどりの東京募金）によって苗木が集められ、ボランティアの手によって植樹が行われた地域である。40メートルを越える丘が築かれて、丘からのゲート・ブリッジ、都心超高層ビル群への眺望が未来的である。

東京2020大会の選手村は、中央区晴海4丁目及び5丁目地内に計画されている（図1-13）。このうち宿泊施設等は、中央区晴海5丁目地内にあり、事業区域面積は約18万㎡である。選手村のゾーニングは、宿泊施設等からなる「居住ゾーン」、オリンピック・パラリンピックファミリーやメディア関係者、居住者の関係者が訪れる「オリンピックビレッジプラザ」、ゲストパスセンターやメディアセンターを配置する「運営ゾーン」に区分され、詳細については今後大会組織委員会が検討を行う。

オリンピック大会終了後4年かけて改修工事を行って、2024年までに地上50階建ての高層マンション2棟や14階から18階建てのマンション21棟が建設され、分譲・賃貸合わせて約5,650戸、最大で1万2千人が居住するまちが新たに出現する。

サービス付き高齢者向け住宅、若者向けのシェアハウス、外国人向けのサービスアパートメントなど、ライフスタイルの変化や様々なニーズに対応できる多様な住戸バリエーションを確

1-13 選手村イメージ・超高層2棟は大会後に建設

資料:東京都

1-14 都市計画道路等の整備状況

資料:東京都・中央区・港区・江東区「東京都臨海部地域公共交通網形成計画」2016年6月

保する。一方で商業施設、クリニックモール、保育所、小学校も造られ、水素ステーションや船着き場なども設けられることになっている。

オリンピックと臨海部・都心部の公共交通

　晴海にできる選手村及び臨海部と都心部のオリンピック競技施設間の連絡は、バス高速輸送システム（BRT）を採用することが決まっている。虎ノ門や勝どき、晴海や有明など11か所に停留所を設け、2019年度に運行を開始し、1時間あたり最大4,400人を運ぶ。バス運行事業者としては京成バスが決まっている。

　今回のオリンピックは、立候補段階からコンパクトな会場計画を主眼とし、晴海の選手村からほぼ半径8km以内に主要な競技場が配置される計画だった。その円内の陸側は、国立競技場を中心とするヘリテッジゾーン、海側は東京ベイゾーンと名付けられ、東京ベイゾーンには、今後魅力的なデザインの建築物がいくつもできあがっていく。

　オリンピックによって都市がどのようによくな

ったかという論点からいうと、オリンピックに間に合わなくとも、都心部と臨海部の公共交通がどうなるかがキーポイントの一つとなるだろう。

　まず臨海部の道路については、2016年6月に、東京都と地元の中央区・港区・江東区の4者が共同で、「東京都臨海部地域公共交通網形成計画」をまとめた。これによると、図1-14のように規定の計画を着実に実行することで、臨海部の道路交通を円滑にする。

　次に鉄道計画については、2016年4月に政府の交通政策審議会が、2030年を念頭とする「東京圏における今後の都市鉄道のあり方について」答申案をまとめている。具体的には、「国際競争力の強化に資する鉄道ネットワーク」として次の8路線を挙げている。

〈1〉都心直結線の新設（押上～新東京～泉岳寺）

〈2〉JR羽田空港アクセス線の新設と、京葉線・りんかい線相互直通運転（田町・大井町・東京テレポート～東京貨物ターミナル～羽田空港、新木場）

〈3〉蒲蒲線の新設（矢口渡～蒲田～京急蒲田～大鳥居）

〈4〉京急空港線羽田空港国内線ターミナル駅引上線の新設

〈5〉つくばエクスプレスの延伸（秋葉原～東京〔新東京〕）
〈6〉臨海地下鉄の新設と、つくばエクスプレス延伸の一体整備（臨海部～銀座～東京）
〈7〉東京8号線（有楽町線）の延伸（豊洲～住吉）
〈8〉品川地下鉄構想の新設（白金高輪～品川）

この審議会は、8路線についての順位はつけていない。今後、東京都を中心に早急に優先順位や事業主体を決めていくことが求められている。なかでも、羽田空港から新宿、臨海・千葉、東京駅に行くJR東日本の空港三線は、東京の都市構造にとって重要な路線であり、今後の動向が注目される。

また四ツ目通りにできる東京8号線（有楽町線）は、東京東部から都心方向に行く放射方向でなく東部各地を結ぶ環状方向の重要な地下鉄となるし、加えてつくばエクスプレスが秋葉原から外堀通りを経て東京駅前を通り、鍛冶橋・銀座から築地・晴海・豊洲・有明・臨海と、臨海副都心一帯を貫く鉄道路線としてどう整備されるかも、今後大いに議論され検討されるだろう。

大事なことは、1964東京大会後の半世紀、欧米が自動車輸送を優先し鉄道をだめにしていった時代に、日本は営々として新幹線ネットワークを形成してきたことである。これが、その後の高度経済成長を担ったといっても過言ではない。

このときまで日本は、日清・日露戦争当時の産業革命を経て欧米をキャッチアップすることを目指して国土や都市そして交通の近代化に取り組んできたが、新幹線ネットワークの形成がスタートした時点から、欧米のキャッチアップを超えて独自の交通政策に取り組んできたといっていい。

東京の都市内交通も同様である。東京オリンピック開催の1964年に地下鉄日比谷線が完成して、これまでの東武伊勢崎線に加え東急東横線との相互直通運転も開始している。オリンピックより後だが、東西線もこの年に開業している。

その後も東京の地下鉄は発展を続け（21世紀に入ってやや足踏みしているが）、今やメトロと都営を合わせて年間31億人に及ぶ乗客を運んでいて、ニューヨークやロンドンに比べると圧倒的な輸送力を誇っている。

相互直通運転システムは、都市の周辺部で鉄道が行き止まりになる欧米の鉄道計画を超えた日本独自の発想であり、これが発達し始めたのも1964東京大会のころからであった。武蔵野線の着工も1964年である。もちろんこれは山手線の貨物輸送増加に伴うものだが、その後の旅客化と運転本数の増加による武蔵野線の輸送力の充実は、首都圏の発展に大いに貢献した。

オリンピック後の東京の将来像をみすえて

東京都心の魅力
(ニューヨーク、ロンドンと比較して)

　日本人は戦後自虐的な世界観をもった時代があったかもしれないが、成熟社会に入った国家の代表的な大都市の都心の魅力を比較すると、東京には優れた点が多い。ロンドンは、2004年のロンドンプランで成功した世界都市を、ロンドン、ニューヨークと東京の3都市としているし、ニューヨークも、やはりロンドン、東京と3都市比較で論ずる人が多い。

　この3都市の都心の魅力を定性的に整理してみると、表1-15のようになる。この評価に異論もあるかもしれないが、大方はこんな評価でまとまるかと思う。これら東京の特性を生かしながら、弱点を克服していくことが東京の生きていく道である。

　近年における都心の集積状況と東京2020大会の準備の現状をみると、オリンピックを契機に臨海部の公共交通を改善することの必要性が感じられる。施設整備及び交通等都市構造の問題、そしてオリンピック後の都市としての東京の将来像を中心に論じたが、そのほかにも課題は山積している。東京都は、2015年12月に『2020年に向けた東京都の取り組み──大会後のレガシーを見据えて』を発表したが、内容の具体化はこれからである。

　国立競技場のオリンピック開催経費は、当初施設整備費も含め総額7,340億円とされていた。東京都は3,870億円の基金を用意し、日本オリンピック組織委員会は、スポンサーからの収入を中心に約4,000億円を予定していた。

　しかし既に、新設競技場の整備費と既存施設の改修費で東京都が2,241億円を負担することが決まっているほか、新国立競技場の一部負担

1-15 都心の魅力・世界3大都市比較

項目	東京	ニューヨーク	ロンドン
GRP（地域総生産）	◎周辺部に工業あり	○多少の工業あり	△工業はほとんどなし
金融機能	○	◎	◎
経済活動規制緩和	△	◎	◎
移民による活力	△	◎	○
英語力	△	◎	◎
公共交通利便性	◎	○	△
道路交通利便性	◎	○	△
空港利便性	○	○	○
建築物景観	△	○	◎
水とみどり	○	○	○
治安	◎	○	○
スラム的な地域	◎	△	○
住宅価格	◎	△	△
ホテル価格	◎	△	△
文化芸術機会	△	◎	◎
公共交通バリアフリー	○	△	○
劇場等バリアフリー	△	◎	○
自転車利便性	△	○努力はしている	○努力はしている
商店街・モール	○	◎	○
コンビニ	◎	△	△
レストラン	◎	◎	△
衛生状態	◎水道水を飲める	○	○
市民の健康	◎長寿	○肥満が多い	○
防災	○地震の不安あり	○水害の不安あり	○水害の不安あり

として約400億円が必要である。また、仮設競技場の整備費は招致運動当時723億円とされたが、近年の建築費の高騰の影響等もあって約3,000億円程度を要するとの見通しもあり、組織委員会との負担割合については、今後見直しになる可能性もある。新しい都知事が決まったいま、早急に所要経費を明らかにし確定して都民の理解を得る必要がある。

東京は世界一安全な大都市として定評がある。しかし東京2020大会を控えて、東京には世界の人が集まる。テロの標的になるような人も集まるし、テロリストが観光客に紛れて潜入するチャンスもできる。テロを防いで世界一安全な大都市の座を守ることができるかどうかが、今問われている。この面でも経費の増加が予想される。

東京2020大会の成否の鍵を握る議論と準備

東京2020大会は、開会式が7月24日、女子マラソンが8月2日、男子マラソンと閉会式が8月9日と、最も暑い季節に実施される。今後は、選手に対しても観客に対しても人類の叡知と現代科学を活用した暑さ対策が求められる。

国際航空路線につき、東京は成田、羽田の2つの空港を使用している。2016年7月政府と地元自治体は、都心上空を飛行する羽田空港の離発着ルートについて合意した。これにより、羽田の離発着枠は現行の約45万回から49万回に増える。増加分は主として国際線に使用されるが、今後外国人旅行客のさらなる増加のほか、国内各空港からの羽田乗り入れ便数増加の希望も多く、現在4本の滑走路をさらに増やす議論が始まる可能性もある。2015年に首都高速道路山手トンネルが完成し、新宿副都心と羽田空港がバスやタクシーで20分台で往来できるようになり、利便性が高まった羽田空港のさらなる機能向上が求められている。

課題は多く時間は限られているが、東京そして日本が、オリンピックとその後の社会のあり方をめぐって議論と準備をいかに重ねていくかが、東京2020大会の成否の鍵を握っている。

第 **2** 章

国際性・先駆性を有する東京都心のまちづくり

本章は、2012 年 6 月発行の報告書「国際性・先駆性を有するアジアを代表する都心の創造——赤坂・六本木・虎ノ門・新橋地域のまちづくり」をもとに編集した。

序

国際競争で勝ち残れる東京に

　1990年代の"失われた十年"の厳しい試練を経て、2000年代に入ると、東京都心では水準の高い世界で通用する意欲的な都市開発プロジェクトが次々と竣工し、その姿を見せるようになり、2010年10月には待望の羽田空港国際線ターミナルが供用を開始した。

　1980年代に東京は、ニューヨーク、ロンドンと並ぶ三極の中枢都市としてもてはやされた時期もある。しかし、当時の東京都心には世界都市にふさわしいインフラの実体が存在しておらず、世界で通用する高水準のオフィスビル、都心型住宅、国際空港は存在していなかった。

　この20年間、世界の経済発展は大きな転換を遂げ、なかでもアジアでは中国、インド、中東湾岸諸国の台頭は著しい。アジアでのハブ空港の地位とサービスは韓国とシンガポールがしのぎを削り、日本は大きく落伍した。

　その結果1980年代とは異なり、アジア・太平洋地域における日本の経済力、東京の優位性はもはや存在しない。21世紀前半は、アジア・太平洋地域における中枢都市の繁栄の座を巡って、厳しい国際競争が展開されることを覚悟しなければならない。

　国際的な都市競争においては、特にこの10年間、20年間の時期が大切である。東京が国際性・先駆性を有するアジアを代表する都心を創造できるかどうかは、日本の繁栄と東京の持続的な発展が実現できるかどうかを左右するカギといえるだろう。

　東京には、江戸東京400年と明治維新後の日本人の努力の積み重ねの結果、アジア・太平洋地域における有数の情報発信機能と食文化・音楽・ファッションを含めた多様な文化の蓄積が醸成されている。これは中枢都市の魅力を形成する重要なインフラである。

　2011年7月、政府は都市再生特別措置法を改正し、官民の連携を通じて、都市の国際競争力と魅力を高め、都市の再生を図るために、特定都市再生緊急整備地域制度を創設した。まことに時宜にかなったものである。

　本都市構造検討委員会は、東京がふたたびアジア・太平洋地域での中枢都市として浮上するために、どのような政策と戦略が今切実に必要なのかを集中的に議論して、この提案をまとめた。

　本提案が、アジア・太平洋地域において今後20年間、繰り広げられる大変厳しい国際競争の中で、東京が勝ち残れるように、関係者の間での共通認識の確立に寄与すれば幸いである。

都心のあたらしい街づくりを考える会
都市構造検討委員会 委員長　伊藤　滋

国際性・先駆性を有する東京都心のまちづくり
本章の構成

国際競争に負けない東京都心に向けて

- これからはアジアの時代
  - アジアの経済成長
- アジア経済と一体化する日本
  - アジアの新興国の台頭
- アジアとの競争に苦戦する日本
  - 対内直接投資
  - 地域統括拠点
  - 減税政策
- アジア諸都市との比較からみた東京
  - 都市総合力ランキング3位の東京
  - 国際コンベンション開催件数が少ない日本
  - まだまだ少ない海外からの訪問者

- 東京の強み
  - 安心・安全・そして清潔
  - 高効率で正確な交通インフラ
  - 魅力ある文化の多様性
  - おもてなしの心
- 東京の弱み
  - 積極的な国を挙げての都市開発が必要
  - 地震災害に対する懸念
  - 世界との距離を縮める

東京都心の将来像

- 高い国際性を兼ね備え、先駆性を有するアジアを代表する都心
- 世界から高度な人材、知識情報、文化が集まるアジアのヘッドクォーター

将来像実現のための都市環境整備

指針Ⅰ 真の国際化を図る
- 外国人が働きやすい環境の形成
- 外国人が住みやすい環境の形成
- 多言語での生活環境の充実
- 外国人観光客の受け入れ
- 海外とのアクセス利便性の確保

指針Ⅱ 高度防災・自立型環境都市を構築する
- 防災性に優れた建物・設備・通信技術の活用
- 安定的かつ持続的なエネルギー供給システムの形成
- 避難・待機できるオープンスペースの創出
- 水・食料・防災備蓄品の確保
- 災害時医療体制、共助体制の構築

指針Ⅲ 緑地や水辺、回遊の楽しい散歩道のネットワークを形成する
- 構造物と自然の融合
- 受け継がれた緑と新たに創出される緑による、緑の拠点とネットワークの形成
- 歩いて楽しく美しい都市空間の形成
- 環境にやさしく利用しやすい交通システムの構築

指針Ⅳ 情報・新しい刺激を受発信する
- 知識創造型ビジネス拠点の形成
- 国際的な交流の場の創出
- エンタテインメントの充実
- 教育・研究環境の充実

指針Ⅴ 多様な用途や機能が集積する
- 多様な用途が複合した都市空間の形成
- 時代のニーズに合わせたコンバーチブルな都市空間
- 徒歩・自転車圏域の都市機能の集約

指針Ⅵ 歴史を大切にしながら絶え間ない新陳代謝を繰り返す
- 日本・東京の文化やまちの個性を活かしたまちづくり
- 歴史的価値の高い建物や空間の保全
- 失われた河川や水辺の再生
- 世界をリードする建築デザインによるランドマークの形成

国際競争に負けない東京都心に向けて

これからはアジアの時代

● アジアの経済成長

アジア経済を見ると、日本を先頭に、NIEs3（韓国、香港、台湾）、シンガポールをはじめとするASEAN（東南アジア諸国連合）、中国、インドが相次いで経済発展を遂げた。近年の中国やインド等の急成長により、アジアはより一層世界経済における存在感を強めている。

実質GDP（国内総生産）の伸びを比較すると、中国の伸びは世界の中でも群を抜いており、次いでNIEs3やASEANの伸びが目立っている。

アジアでは、経済の成長とともに人口が急増しており、都市化が進展している。アジアの都市人口は1980年から2010年にかけて約12億人増加し、2025年までに、さらに約7億人増加することが見込まれている。また都市化率（都市部に住む人口の割合）は、2025年には50%を超えることが見込まれている。

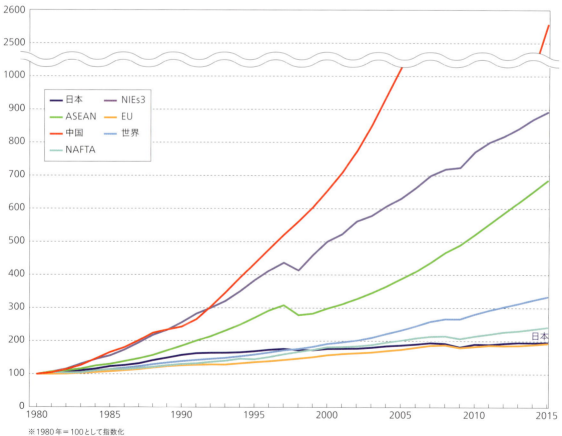

2-1 実質GDPの伸び

※1980年＝100として指数化
資料：IMF「World Economic Outlook Database, April 2016」

2-2 世界の人口（2015年）

資料：国連「World Population Prospects 2015」

2-3 急増するアジアの人口

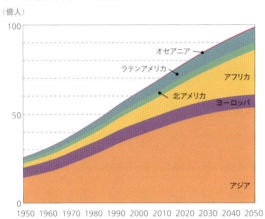

資料：国連「World Population Prospects 2015」

2-4 アジアの都市人口と都市化率の推移

資料：国連「World Urbanization Prospects 2015」

アジア経済と一体化する日本

● アジアの新興国の台頭

　これまでの日本は、アジア経済の中心だった。しかし、2000年代のアジアの新興国の台頭とともに、アジア経済の中の日本のシェアは低下した。2010年には日本のGDPは中国に抜かれ世界第3位となり、すでに日本経済はアジア経済の中心とは言えない。

　日本の相手国別輸出入額の推移を見ると、アメリカ合衆国に対する輸出入額が頭打ちになってきているのに比べ、中国をはじめとするアジアに対する輸出入額は大きく増加している。今や日本経済はアジアと一体化することで成長していると言えよう。

アジアとの競争に苦戦する日本

● 対内直接投資

　世界からの投資は、自国の経済の刺激・活性化に重要な役割を果たす。日本に対する対内直接投資は近年増加しているものの、諸外国と比較すると依然として低い水準にとどまっている。

　また、日本は国際的に見ても対外直接投資に比べ対内直接投資が非常に少ない状況にある。

2-5 日本の輸出入額の推移

資料：総務省「日本の統計」2009.2016

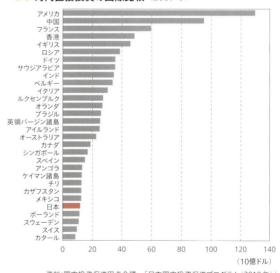

2-6 対内直接投資の国際比較（2009年）

資料：国内投資促進円卓会議　「日本国内投資促進プログラム（2010年）」

● 地域統括拠点

外国企業の多くは、アジア・オセアニア地域でのビジネスのために、この地域内の主要都市のいずれかに地域統括拠点（ヘッドクォーター）を設けている。地域統括拠点の数は、その国のビジネス環境の高さを表すひとつの指標となる。

現在、日本のアジア・オセアニア地域における地域統括拠点数は84拠点で、全拠点数に占める割合は6.8%に留まり、シンガポールの339拠点（27.6%）、中国の278拠点（22.7%）、香港227拠点（18.5%）と、アジア諸国に大きく引き離されている。

● 減税政策

アジア諸国は、減税政策をはじめ、様々な支援措置等を積極的に実施し、世界から多くの企業や投資を惹き付けている。

例えば、シンガポールでは、法人税率を17%とし、研究開発に対する援助やビジネスに関する煩雑な手続きをワンストップ化し、迅速に対応するなどの取り組みを実施している。香港では、法人税率を16.5%に抑え、輸入関税をゼロとし、香港外での収益は非課税とする負担軽減策を実施し、中国との自由貿易協定を武器に中国本土進出を目指す企業などを惹き付けている。

一方、日本の法人税率はアジア諸国よりも高く、国内企業の競争力低下やグローバル企業から敬遠される一因となっている。

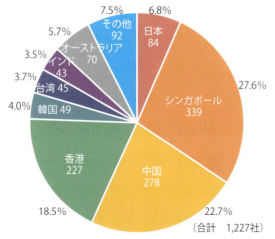

2-7 アジア・オセアニア地域の地域統括拠点数

（合計　1,227社）

資料：経済産業省「2015年外資系企業動向調査（2014年実績）」

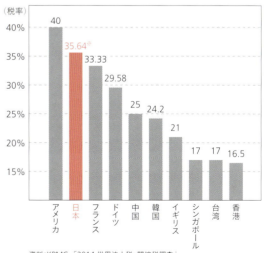

2-8 法人実効税率の比較

資料：KPMG「2014 世界法人税・間接税調査」
※2016年現在、29.97%まで引き下げられている

アジア諸都市との比較からみた東京

● 都市総合力ランキング3位の東京

世界を代表する主要40都市を6つの分野の総合力で評価すると、東京は、ニューヨーク、ロンドン次ぐ第3位と高位置にいるが、第5位以降には、シンガポールやソウル、香港等のアジア諸都市の躍進が見られ、東京との差は年々縮まっている。

分野別の分析によると、東京は経済、研究・開発分野が強く、環境や交通・アクセス分野が相対的に弱くなっている。なお交通・アクセス分野をみると、特に「国際交通ネットワーク」や「国際交通インフラキャパシティ」の評価が低い。

● 国際コンベンション開催件数が少ない日本

世界中から人・モノ・情報が集まり、交流と発信の場となる国際コンベンション機能は、都市にとって重要である。2014年における国際会議の開催件数は、東京の228件に対し、シンガポールは850件と非常に多い。シンガポールは、国を挙げて国際コンベンションの誘致に取り組んでおり、2005年からの10年間で開催件数は約5倍に急増している。

2-9 世界の都市総合力ランキング上位10都市（2016年）

資料：森記念財団「Global Power City Index-2016」

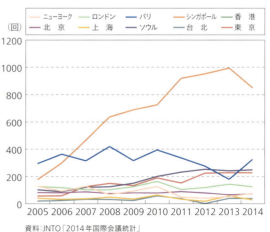

2-10 国際会議年間開催件数

資料：JNTO「2014年国際会議統計」

- **まだまだ少ない海外からの訪問者**

　海外からの訪問者数をみると、東京は香港やソウルよりも多い年間1,200万人弱であるが、シンガポールは約1,500万人と、東京を上回る人が訪れている。

　東京が2020年の目標を2,500万人と掲げているのに対し、シンガポールは2015年度の目標を1,700万人、香港は2020年度の予測を5,700万人としており、世界から多くの人を招き、都市の成長に結びつけようとしている。

東京の強み

- **安心、安全、そして清潔**

　東京の魅力は、治安の良さによって担保されているともいえる。東京の犯罪件数は少なく、世界有数の安全・安心水準を誇っている。

　また、生活環境・衛生面でも優れた安全性を保持している。東京は、世界の大都市が抱えてきた大気汚染や水質汚濁などの公害を、いち早く克服してきた。大気や水がきれいで、街にはゴミが落ちておらず清潔、スラム街がない、というような都市は、世界の大都市の中でも東京だけである。

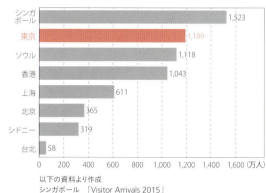

2-11 海外からの年間訪問者数

以下の資料より作成
シンガポール 「Visitor Arrivals 2015」
東京 「平成27年東京都観光客数等実態調査」
ソウル 「2015ソウル統計」
香港 「Hong Kong in Figures」
上海 「上海統計年鑑 2015」
北京 「北京統計年鑑 2015」
シドニー 「Travel to Sydney Time Series December 2015」
台北 「2015. Visitor Arrivals by Year (1956～)」

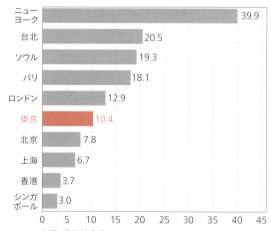

2-12 人口当たり年間殺人件数 （件数/100万人）

以下の資料より作成
ニューヨーク 「Crime in the United States 2013」
台北 「台北統計年報2014」
ソウル 「犯罪分析2014」
パリ 「Crimes recorded by the police: homicide in cities」
ロンドン 「Crimes recorded by the police: homicide in cities」
東京 「警視庁の統計 平成25年（2013年）」
北京 「China Statistical Yearbook 2014」
上海 「上海市 統計年報2014」
香港 「Crime Statistics Comparison」
シンガポール 「Singapore Police Force Annual 2013」

● 高効率で正確な交通インフラ

東京の政官業が近接立地する配置は、効率的な意思決定に寄与してきた。また、特色あるビジネスエリアが東京には連担・分散し、それらが短い時間距離で結ばれている。

効率性には、拠点間を結ぶ鉄道網の存在も欠かせない。2本の環状線と、その内側に密度高く複雑にネットワークされた鉄道網は、使い勝手や運行の正確性においても、世界最高水準を保っている。

地下鉄の年間輸送人員を比較すると、東京は、ニューヨーク、パリ、ロンドンを大きく上回っており、年間延べ約31.7億人が、地下鉄による移動を行っている。

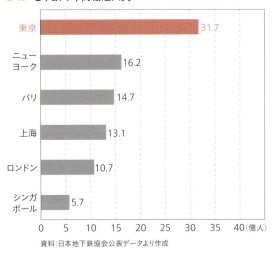

2-13 地下鉄の年間輸送人員

資料：日本地下鉄協会公表データより作成

● 魅力ある文化の多様性

東京の商業・文化集積は、多様で特色のある進化を繰り返し形成してきた。東京の都市空間には、過去と現在のカルチュラルミックスが刻み込まれ、その特性を生み出している。

英語による旅行ガイドブック『ロンリープラネット』では、東京は「過去と現在・未来が混合している街」、「日本文化と最先端科学技術の魅力ある矛盾」と評価されている。海外都市と比較して、一見ツギハギにみえるこの多様性が、東京の歴史的重層性を支えており、同時にそれは、食文化にみられるような他国の文化との融合におけるバランスを兼ね備えている。

● おもてなしの心

日本人のホスピタリティは非常に高く、ホテルやレストランでのサービスは世界トップレベルである。また、非常時にも状況を的確に捉え、混乱することもない。

このことは、東日本大震災後の冷静な対応やサポート、絆にも表れており、海外から大きな賞賛を受けている。

このようなホスピタリティが限られた人だけではなく、広く一般市民に備わっていることも東京の強みと言える。

東京の弱み

● **積極的な国を挙げての都市開発が必要**

シンガポールや香港、上海、ソウルなどのアジア諸都市は、国を挙げて海外からの投資やグローバル企業を呼び込む政策を実施し、ビジネス環境、生活環境を向上させ、さらに国際競争力のある都市開発プロジェクトを積極的に誘導している。

シンガポールのマリーナベイ地区や上海の陸家嘴金融貿易中心区では、マスタープランに基づいた世界の人や企業を強く惹き付ける都市開発プロジェクトが推進されている。

● **地震災害に対する懸念**

南関東では、関東大震災クラスの地震が200～300年間隔で発生し、その間にもM7クラスの直下型地震が数回発生している。現在、関東大震災（1923年）から90年以上経過しており、今後100年以内にM7クラスの直下型地震が数回起こることを想定している。

首都直下型地震（M7.3）が発生すると、最大震度7の地域が発生し、東京都では死者は約9,700人、負傷者は約14.8万人、建物被害は約30.4万棟、帰宅困難者は約517万人と、甚大な被害が想定されており、その対策が求められている。

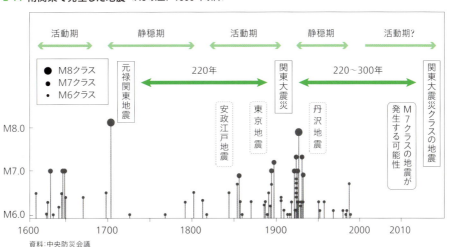

2-14 南関東で発生した地震（M6以上、1600年以降）

資料：中央防災会議

2011年の東日本大震災では、東京都心は震度5強で大きな被害は発生しなかったものの、通信インフラや交通機関の麻痺等による大量の帰宅困難者の発生、その後の電力不足など、早急に対処すべき課題が明らかとなった。

2-15 首都直下地震の被害想定

震　　源	東京湾北部
地震の規模	M7.3
風　　速	8m/秒
時期・時刻	冬18時
人的被害　死者	約9,700人
負傷	約14.8万人
建物被害	約30.4万棟
避難者	約339万人
帰宅困難者	約517万人

資料:東京都「首都直下地震等による東京の被害想定」2012年

● **世界との距離を縮める**

英語を使える場が限られていることは、東京の国際化にとって大きな阻害要因となる。日本人には依然として内向的な傾向があり、特に知的刺激や言語・交流の面で顕著に表れている。

また、東京には地理上のハンディキャップがある。東アジア地域の北東端というロケーションであり、東アジア経済の重心が南方へシフトしていることなどを考慮すると、今後はますます不利になることも予想される。都心からの空港アクセスも不十分で、この問題をさらに増幅させている。

2-16 東アジアにおける主要都市間の航行距離と航行時間

		航行距離（km）				
		東京	ソウル	上海	台北	香港	シンガポール
航行時間（時間）	東京		1,248	2,830	2,163	2,926	5,366
	ソウル	2:30		2,059	1,456	2,059	4,650
	上海	3:00	2:00		2,020	1,216	3,806
	台北	3:30	2:30	2:00		782	3,251
	香港	5:00	3:30	2:30	1:30		2,596
	シンガポール	7:00	6:30	5:00	4:30	4:00	

東京都心の将来像

　私たちは、世界から高度な人材・知的情報・文化が集まるアジアを代表する東京都心を創造することを提案する。

　実現のためには、アジアでのビジネスを促進する競争力のある政策展開（税制面の見直し、金融支援、出入国に関する規制の見直し等）と、世界中の企業や人を受け入れるための都市環境を整備する対策の両方が必要となる。

　ここでは、特に後者に挙げた都市環境整備などの対策として、欠かすことのできない6つの指針を提案する。

東京都心の将来像

- 高い国際性を兼ね備え、先駆性を有するアジアを代表する都心
- 世界から高度な人材、知識情報、文化が集まるアジアのヘッドクォーター

将来像実現のために

都市環境整備などの対策 ビジネスを促進する政策展開

指針Ⅰ　真の国際化を図る
- 外国人が働きやすい環境の形成
- 外国人が住みやすい環境の形成
- 多言語での生活環境の充実
- 外国人観光客の受け入れ
- 海外とのアクセス利便性の確保

指針Ⅱ　高度防災・自立型環境都市を構築する
- 防災性に優れた建物・設備・通信技術の活用
- 安定的かつ持続的なエネルギー供給システムの形成
- 避難・待機できるオープンスペースの創出
- 水・食料・防災備蓄品の確保
- 災害時医療体制、共助体制の構築

指針Ⅲ　緑地や水辺、回遊の楽しい散歩道のネットワークを形成する
- 構造物と自然の融合
- 受け継がれた緑と新たに創出される緑による、緑の拠点とネットワークの形成
- 歩いて楽しく美しい都市空間の形成
- 環境にやさしく利用しやすい交通システムの構築

指針Ⅳ　情報・新しい刺激を受発信する
- 知識創造型ビジネス拠点の形成
- 国際的な交流の場の創出
- エンタテインメントの充実
- 教育・研究環境の充実

指針Ⅴ　多様な用途や機能が集積する
- 多様な用途が複合した都市空間の形成
- 時代のニーズに合わせたコンバーチブルな都市空間
- 徒歩・自転車圏域の都市機能の集約

指針Ⅵ　歴史を大切にしながら絶え間ない新陳代謝を繰り返す
- 日本・東京の文化やまちの個性を活かしたまちづくり
- 歴史的価値の高い建物や空間の保全
- 失われた河川や水辺の再生
- 世界をリードする建築デザインによるランドマークの形成

真の国際化を図る

アジアを代表する都心の実現には、真の国際化を図り、グローバルスタンダードな都市環境を整備することが求められる。

● **外国人が働きやすい環境の形成**

外国企業のビジネス参入障壁を取り払い、世界的企業のアジアヘッドクォーター立地促進や、知識創造型のビジネス拠点を形成することで、日本人・外国人を問わずグローバルプレーヤーが活躍できるビジネス環境を構築すべきである。そのためには、国際ビジネスサポートセンターや国際的にグレードの高いオフィスの供給が必要不可欠となる。

● **外国人が住みやすい環境の形成**

外国人が東京で家族と暮らす場合、生活環境は最も心配されることのひとつとなる。例えば、子どもの教育の場としてインターナショナルスクールの整備や、公的支援（設立基準の見直し、補助の充実など）の強化が必要となる。

また、医療施設や生活上の手続きのサポート体制など、生活支援機能の強化も求められている。

● **多言語での生活環境の充実**

英語をはじめとした外国語を、使用しやすい環境にする必要がある。

日常生活における情報提供はもちろん、国籍にとらわれずに交流できる環境を整備すべきである。

また、災害時の情報提供システムを整備することで、外国人が生活する上での不安を和らげることができる。

● **外国人観光客の受け入れ**

東京独自の資源や文化・芸術を世界へ発信し、外国人観光客を惹き付けることが重要になる。

江戸期より築きあげてきた歴史的資産や、現代東京における芸術・生活文化を観光客誘致の核とすべきである。都市を舞台とした新しい芸術活動の展開・発信や、東京独自のエンタテインメントの裾野の拡大が求められる。

● **海外とのアクセス利便性の確保**

東アジアの北東端に位置する、地理的なハンディキャップを克服する必要がある。そのために羽田空港の国際化、発着容量拡大を図るべきである。

また、空港と都心を結ぶ鉄道の駅改良や延伸、バスの柔軟な運行等による利便性の向上も求められる。

高度防災・自立型環境都市を構築する

地震による建物被害やエネルギー供給の不安定さに対する不安の払拭は、喫緊の課題である。住民はもちろん、東京都心を訪れるあらゆる人に対して、安全と安心を保証した高度防災の都市環境の整備が求められる。

● 防災性に優れた建物・設備・通信技術の活用

制振・免震装置等の最先端耐震技術の導入や、エレベーターの早期復旧体制の構築等により、超高層建物の安全性をより確かなものにする必要がある。

また、災害時には情報が最も重要といっても過言ではない。家族の安否が素早く確実に確認できるよう、強固な通信インフラを構築すべきである。

● 安定的かつ持続的なエネルギー供給システムの形成

エネルギー供給の安定性は、企業の事業継続にとって重要である。地域内の拠点ビル等を活用した、大規模コージェネレーション発電施設の分散立地を図り、系統電力と連携したネットワークを構築すべきである。

エネルギーネットワークの構築においては、都市排熱や都市特有の未利用エネルギーのほか、太陽光や風力などの再生可能エネルギーを積極的に導入する必要がある。

● 避難・待機できるオープンスペースの創出

就業者、観光客、買い物客、学生等あらゆる目的の来訪者の安全性を確保する空間が必要となる。

災害時に避難・待機できる広大なオープンスペースや、地下広場、地下劇場等をシェルターとして機能するよう整備し、さらに帰宅困難となった人が安心して待機・宿泊できるよう、大規模コンベンション施設やホテル等多様な用途の空間を活用することが求められる。

● 水・食料・防災備蓄品の確保

水、食料、毛布、医療品、簡易トイレ等の防災備蓄品を建物の地下階や中間避難階の備蓄倉庫にストックし、広域的なインフラ復旧までの間の補給体制を構築する必要がある。

また、避難・待機できるオープンスペースの近くには災害用井戸を設置し、消火用水・生活用水の確保をスムーズにできるようにする。

● 災害時医療体制、共助体制の構築

東京都心には多くの大規模病院が立地している。これらを災害時医療基地として活用し、負傷者の搬送や外国人対応が可能な体制を構築する必要がある。

また、地域コミュニティや、エリアマネジメント組織を活用し、地域ごとの応急救助体制を構築すべきである。

緑地や水辺、回遊の楽しい散歩道のネットワークを形成する

新しい都市のライフスタイルを実践する先端的な場として、安らぎと潤いをもたらす緑豊かな都市環境や地球にやさしい省エネルギー環境の実現が求められる。

● 構造物と自然の融合

都市の緑を増やすには、地面を緑化するだけでは必ずしも十分ではない。屋上や構造物上の空間も緑化することが大切である。

これまでの都市開発で蓄積してきた緑化の技術を活用し、構造物と自然が融合した、質の高い緑にあふれる街を創出することが求められる。

● 受け継がれた緑と新たに創出される緑による、緑の拠点とネットワークの形成

東京の都心には、皇居や赤坂御用地、浜離宮恩賜庭園、芝公園、日比谷公園など、これまで受け継がれてきた大規模な緑が数多く点在している。それら大規模な緑と、街づくりにより生み出される新たな緑をネットワーク化することによって、緑豊かな都市空間を創出することが求められる。

また、緑や水辺のネットワークを活用しながら風の道を創出することで、ヒートアイランド現象の緩和にも寄与する。

● 歩いて楽しく美しい都市空間の形成

人々が行き交い集う交流の場である「通り」や「広場」は、都市独自の文化を育み、都市の顔ともなる。

これらをオープンカフェやマーケット、パフォーマンス空間等のにぎわい空間として活用し、道路や空地の緑を連続させることで、歩いて楽しい「通り」や「広場」を創出することができる。

● 環境にやさしく利用しやすい交通システムの構築

2本の環状線と、その内側に密度高く複雑にネットワーク化された東京の鉄道網は、高密度な人の移動を支えている。さらに、あらゆる人に利用しやすく環境にやさしい公共交通体系にしていくことが求められている。

そのためには、電気コミュニティバスやLRT（次世代型路面電車システム）・BRT（バス高速輸送システム）等の、地域を循環する新しい公共交通システム、東京都心の各拠点間のアクセス性をさらに向上させる鉄道新線の整備が求められる。

情報・新しい刺激を受発信する

　東京都心は、世界中の創造性あふれる知識創造型産業のビジネスパーソンやビジネスチャンスを求める人々、研究者、観光客などを受け止める、情報・新しい刺激の受発信の拠点となることが求められる。

● 知識創造型ビジネス拠点の形成

　従来から東京都心に集中していた金融、保険、法律、会計、税務などの集積を活かし、世界に開かれた知識創造型のビジネス拠点を形成すべきである。

　そのために世界中の優れた知識、発想や技術を持つ人材の育成と吸引が不可欠であり、異文化を寛容に受け入れ、国籍を問わず同じフィールドで活躍できるビジネスプラットフォーム、高スペックなオフィス環境が必要となる。

● 国際的な交流の場の創出

　都心は、世界を舞台に活躍する人たちがフェース・トゥ・フェースで交流し、ビジネスを行う場となる。その装置のひとつとして、MICE（Meeting【会議】、Incentive Travel【研修旅行】、Convention【国際会議】、Exhibition/Event【展示会・見本市／イベント】）機能は重要となる。

　宿泊機能やアフターコンベンション機能が一体となった国際水準のMICE施設の整備や、MICE開催のための総合的な支援措置を講じるべきである。

● エンタテインメントの充実

　東京都心には、世界の一流のクラシック音楽や演劇から、日本独自の歌舞伎や能、寄席といった古典芸能まで、様々なエンタテインメントが集まり、最高品質の娯楽を満喫することができる。

　居住者も観光客もあらゆる人が気軽に参加体験できるプログラムや、季節感のあるプログラムの開催、劇場同士の連携、裾野を広げる教育の充実、情報発信等が重要となる。

● 教育・研究環境の充実

　東京都心には、大学や専門学校など多くの教育・研究機関が集積しており、最近では大学の都心回帰の動きも見られるようになった。

　大学間の連携や産学連携の強化等による「知」の拠点の形成や、単位互換制度の普及や英語での授業等による国際化への対応、街と一体となった大学キャンパスの形成等により、教育・研究環境の充実を図ることが重要となる。

多様な用途や機能が集積する

働き、暮らす場所であることはもちろん、24時間豊かな時を過ごせる魅力的な空間となることが求められる。

多機能が集積し有機的に連携することで、都心でしか実現できない創造性にあふれたビジネスや生活が実現できる。

● **多様な用途が複合した都市空間の形成**

国際的ビジネス機能や居住機能を備えるとともに、24時間、豊かな時を過ごせるショッピング、文化・交流、宿泊、医療、教育、神社仏閣、官公庁・大使館など多様な機能が複合した都市空間を形成することが求められる。

以下に、代表的な機能の活動や整備のイメージを示す。

代表的な機能の活動や整備のイメージ

ビジネス
アジア No1の世界企業ヘッドクォーターの拠点を形成
- まち全体をビジネス交流と新しいビジネス創造の場として展開
- 世界標準のオフィス空間を整備
- 外資やスタートアップ企業のビジネス支援
- 金融・情報通信などの高度サービス産業や、研究開発部門が集積

居住
都心ならではのタイムリッチなライフスタイルを実現
- 都心部に不足する住宅を整備し、居住人口の都心回帰、グローバル人材の移住を促進
- 居住人口の増加により、昼夜間人口バランスが改善
- 多様なライフスタイルに対応する、さまざまなタイプの住宅を整備（家族用、単身者用、高齢者用、外国人用、SOHO、サービスアパートメント等）

ショッピング
生活をより豊かにするショップの集積
- 日常生活のサポートから、世界中の人が訪れる一流ショップまで幅広く立地
- 買い物自体が楽しくなるスーパーマーケットや商店街、ショッピングセンターの整備
- 国内外のトップブランド、東京・日本の老舗、世界中の食文化が楽しめる
- こだわりの逸品や、他では手に入らない商品・体験が集まる

文化・交流
TOKYO発のコンテンツ・カルチャーの発信と育成
- 東京都心の地域ごとに醸成してきた魅力的な文化を育成・発信
- 世界一流の音楽から日本独自の芸能まで多様な娯楽を提供
- 24時間、365日楽しむことのできるエンタテインメント施設を整備
- 親しみやすく、オープンなギャラリーやスタジオが点在
- 東京を代表する大規模美術館・博物館を整備
- 広場や通りを活用したイベントを開催（市場、音楽フェスティバル等）

● **時代のニーズに合わせた
　コンバーチブルな都市空間**

　時代のニーズは、テクノロジーの進歩や生活様式の進化とともに常に変動しており、それを捉えることが重要である。

　そのためには、機能を柔軟に変更できる合理的な空間や仕組みが求められる。結果、それは建物の長寿命化にもつながる。

● **徒歩・自転車圏域の都市機能の集約**

　職住が近接し、ショッピングや文化交流など多様な用途がコンパクトに集積することは、利便性が高く、豊かな時間の創出や健康増進にもつながる。

　都市機能の集約のためには、文化施設等の積極的な配置、街を歩くことが楽しくなる憩い・交流スペースの整備、LRTやコミュニティバス等の交通システムの整備等が重要となる。

宿泊
世界を魅了する日本のホスピタリティを提供
- 世界の都市と比較して不足する高級ホテルの充実
- 日本のおもてなし精神を生かした世界トップレベルのサービスの提供
- 旅行者の多様なニーズに応え、バックパッカー向け宿泊施設から最高級ホテルまでをラインナップ

医療
多言語に対応した高度医療環境の形成
- いつでも相談できる、多言語対応の身近なクリニック
- 災害時には緊急医療センターとして機能
- 高度な医療技術とサービスを活かし、海外からの医療ツーリズムに対応
- 超高齢社会に対応するモデル都市として、アジアをリードする医療福祉・リハビリ施設を整備
- 海外医療機関との連携

教育
世界中の子どもが学べる環境
- 外国人にとっても自国と同じように安心して教育を受けられる言語・教育環境を形成
- 幼稚園から高校までのインターナショナルスクールを整備
- 世界各国の大学のサテライトキャンパス、社会人大学を誘致

神社仏閣
東京が築いた歴史的資産の活用
- 住民の生活文化を支える存在として、建物・庭園等をはじめ祭礼等の無形物も保全
- 東京が築いた歴史を伝える観光資源として活用
- 国際交流の場として活用

官公庁・大使館
地域から国際コミュニティまで幅広くサポート
- 民間活力を利用した、身近で品質の高い行政サービスを実現
- 大使館の一層の集積を図り、外交の拠点を形成
- 国際機関の本部やアジア本部の立地、文化交流や国際会議開催の拠点を形成

歴史を大切にしながら絶え間ない新陳代謝を繰り返す

　グローバルスタンダードな都市環境の形成に加え、東京都心独自の文化・景観の魅力を活かし、他のアジア諸都市に比べて優位性を確保することが求められる。

● **日本・東京の文化や
まちの個性を活かしたまちづくり**

　世界に向けた東京発世界着の、新たなコンテンツやカルチャーを育成するとともに、東京が継承している独自の文化、まちの個性を存分に活用すべきである。

　伝統ある祭りや、地域のアートイベントなど、まちを舞台とした文化活動の積極的な展開・発信、イベント相互の連携を図る必要がある。

● **歴史的価値の高い建物や空間の保全**

　東京の都心に数多く残されている歴史的資産を活用しながら、成熟した文化や、後世に引き継ぐべき美しい景観を大切にした豊かな歴史が息づく都市を創出すべきである。

　そのためには、歴史的価値の高い建物や庭園、空間等の保全、景観軸の設定等による魅力的景観の保全が必要とされる。

● **失われた河川や水辺の再生**

　東京は、かつて多くの河川・運河が流れる水の都だったが、震災・戦災からの復興事業や、前回の東京オリンピックなどを契機とした急速な近代化に伴い、水面の多くが暗渠化され、高速道路等に覆われてしまった。

　これらの失われた水面を再生するため、高速道路の地下化、水質の改善等を行い、親水空間としての水辺の利活用を図るべきである。

● **世界をリードする建築デザインによる
ランドマークの形成**

　東京がこれまでに築いてきた価値ある建物や景観の保全とあわせて、新しい都市景観をつくることも重要となる。

　世界をリードする最高のデザインを施したランドマーク建物を、視点場からの景観に配慮して効果的に配置し、新旧の建物や空間が調和した美しい都市景観を創出すべきである。

第 **3** 章

水と緑を活かした
東京都心のまちづくり

本章は、2010 年 6 月発行の報告書「東京都心の水と緑の変遷──緑の創出と再開発」をもとに編集した。

序
水と緑の歴史と都市の再開発

　ロンドンの都心の緑は、王家の宮殿と狩猟地に由来するロイヤルガーデンと18世紀の貴族の地所開発で誕生したスクエアという広場が特徴である。パリの都心の緑も王家の宮殿、狩猟地に由来するほか、19世紀のナポレオン3世の都心改造により、並木道とセーヌ河畔の緑を創出した。ニューヨークは入植開拓都市であり、都心の緑に乏しかったが、その渇望から19世紀、市街地拡大に合わせてセントラルパークを新設した。上海では旧租界の競馬場を都心の広場としたが、市街地は緑に乏しく、浦東地区の開発に併せて大規模公園を新設した。

　東京の都心では、東御苑、浜離宮、芝離宮、国立自然教育園、後楽園、新宿御苑など大規模な緑が存在する。これらはいずれも、江戸期の大名屋敷が明治以降皇室財産や官有地となり、緑の状態で維持され、恩賜公園や国民公園として開放された。これはロンドン、パリ、ベルリンなどにおける王家由来の公園と似通った歴史である。

　東京は世界の大都市と比較して、台地と低地が織りなす変化に富んだ地形が特色である。東京の山の手は、台地の間をひだのように中小河川が流れている。その中には穏田川、藍染川など失われた河川もあるが、低地は商業地と街道になり、溜池、谷町、日ヶ窪町、渋谷、茗荷谷、小石川などの地名を生んだ。台地の大名屋敷は華族の邸宅、大使館、学校、ホテルなどに代わり、転用や細分化などにより敷地内に存在した緑は徐々に失われていった。

　東京は、世界の大都市と比較して、都心の緑についてユニークな特色が見られる。1970年代から今日にかけて、民間の大規模な再開発にともない、魅力的で質が高い緑が次々と新たに誕生し、しかも民有の公開緑地が多いことである。その中には、アークヒルズや大崎の東口・西口のように、ゼロから緑が誕生したケースもあれば、六本木ヒルズ、東京ミッドタウンのように、かつて大名庭園があった場所の大規模な民間再開発によって、緑が再生・復元されたケースも誕生した。

　本章では、東京の都心と副都心の地域を中心として、水と緑の歴史と都心の再開発の実践について、過去と現在の姿を比較し考察を行った。東京都心の魅力の源泉とも言える複雑な地形と良質な緑が、どのようにして誕生・形成されているのか、行政の刊行物や研究者の著作とはやや異なる視点で取り上げ、取りまとめた点が本章の特色である。

北海道大学名誉教授　**越澤　明**

水と緑を活かした東京都心のまちづくり
本章の構成

東京の緑を取り巻く現況

- 水と緑の資源を育てる豊かな地形
- 緑の現況と取り組み
  - 東京全体では「緑」が減少傾向
  - 東京都では様々な取り組みを実施
  - 今後の緑化の方向性
- 大規模開発による緑化の貢献
  - 緑の量の増加〜公園・緑地の整備、建築緑化〜
  - 緑の質の向上〜人が利用し親しめる緑へ〜
  - 再整備により質量ともに向上した緑の事例
  - アクティビティやコミュニティ等の形成に役立つ緑の事例

東京都心の水と緑の変遷

- 台地と谷地の複雑な地形からなる東京都心
- 大規模敷地に残る緑と細分化され失われた緑

赤坂周辺地域

六本木・東麻布周辺地域

小石川・後楽園周辺地域

お茶の水周辺地域

大規模開発による緑とオープンスペースの創出（創られた緑）

- 緑の再生・保全からコミュニティの場へ

アークヒルズ　　六本木ヒルズ

泉ガーデン　　恵比寿ガーデンプレイス

東京ミッドタウン　丸の内（丸の内ビルディング他）

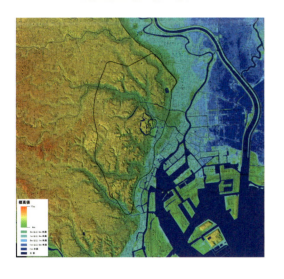

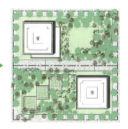

大規模開発による緑とオープンスペースの創出のイメージ

大規模開発の連担により広がる緑のネットワーク

六本木・虎ノ門地区
- 民間大規模開発における緑とオープンスペースの連続
- 地区のまちづくり経緯

大崎駅周辺地区
- 目黒川を中心とした親水歩行空間・緑地の整備
- 地区のまちづくり経緯

東京の緑を取り巻く現況

水と緑の資源を育てる豊かな地形

　東京は、東京湾とそこに注ぎ込む河川が古くからかたちを変えることによって、台地や谷からなる複雑な地形が形成され、その上に豊かな水と緑の資源を育んできた（図3-1）。

　世界の大都市の中でも、特に起伏・自然に富む稀有な都市といえる。

　歴史的にみると、それらの地理的資源の上に街がつくられ、それぞれの場所に合った土地利用がなされてきた。江戸期の大名屋敷・庭園等がその代表例であり、また「山の手」「下町」という地形を反映した土地柄を表す呼び名も今に残っている。現在の東京は、そうした土地の歴史を受け継いで成り立っており、水や緑の分布に、特にその名残を見ることができる。

　しかし一方では、近代化とともに濠や池は埋め立てられ、河川は暗渠化、覆蓋化、あるいは高速道路に上空を覆われて水面は減り、緑についても、土地の細分化、市街化の進行により減少傾向にあることも否めない。

　豊かな地形の上に形成されてきた東京のまちの現状を把握し、いかにあたらしいまちづくりにつなげていくかが求められている。

緑の現況と取り組み

● 東京全体では「緑」が減少傾向

　1974年から1998年の東京における緑の占め

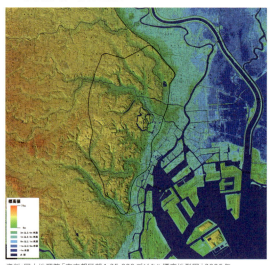

3-1 東京都区部の標高地形図

資料：国土地理院「東京都区部1:25,000デジタル標高地形図」2006年

る割合の推移を見ると、東京都全体では67％から63％と減少傾向にある。区部では30％から29％であり、ほぼ横ばいである（図3-2）。

　内訳をみると、植林地、草地、農地が大幅に減少し、宅地等の緑、公園が微増している。

● 東京都では様々な取り組みを実施

　東京都は、緑の減少に対してこれまでに様々な計画を策定し、緑の創出や保全の取り組みを続けてきた。

　1981年に、「緑のマスタープラン」を策定。

　1984年に、緑の対象範囲を民間にまで広げた「緑の倍増計画」を策定。緑の量、質、行動の倍増がコンセプトで、一人当たり公園面積を3.1 m^2 から6.0 m^2 に、樹木を1億本から2億本に倍増することを目指した。

緑に関する3つの指標

緑被率：一定区域の中で、上空から見て芝や高木の樹幹など、緑で地上が覆われた面積が占める割合。水面や広場は含まれない純粋な植物の緑が対象。

緑化率：道路や建築敷地における緑の占める割合。主として建築指導の際等に用いられ、壁面緑化も含める。

みどり率：「緑被率」に、河川や池などの水面及び都市公園等の緑で覆われていない面積（園路、広場等）等を加えたもの。

「東京都都市計画用語集'02」（東京都）より

　2000年の「緑の東京計画」では、2015年までに、区部では、屋上等の緑化や公園の整備などの推進により約1割みどり率を増やし、多摩部では、市街地化の進行に対して樹林地の保全や農地の活用を行い、約80%のみどり率を維持することを目標とした。

　2007年の「緑の東京10年プロジェクト」では、「10年後の東京」に基づき、緑あふれる東京の再生を目指し、街路樹による「グリーンロード・ネットワーク」、「海の森」の整備、1000haの緑の創出等を主な施策として挙げた。

　都市開発に注目してみると、2000年に緑化計画書制度を策定。2009年に基準が改定され、1000m²以上の敷地での新築・増改築における一定基準の緑化が義務付けられている。

　都市開発諸制度では、環境都市づくりの推進のための取り組みとして、2009年に緑化率に応じて割増容積率を増減させる制度を導入。

　2010年の「緑確保の総合的な方針」では、「既存の緑を守る方針」と「緑のまちづくり指針」を定め、既存の緑や緑に係わるまちづくり事業、規制、誘導策をリスト化・図面に示し、今後10年間の緑確保の方針を定めている。

● **今後の緑化の方向性**

　周辺部では、森林・農地の減少防止、公園の拡大のために公有地の活用が中心になると考えられる。

　一方都市部では、公共施設の整備・緑化、街路樹の植樹、建物の屋上・壁面緑化等が中心になると考えられるが、これらに加え民間の力を活かした大規模都市開発での緑地再生が、重要な役割を担うようになると考えられる。

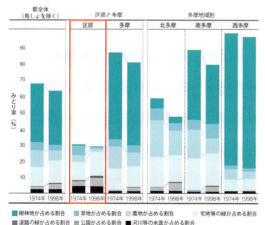

3-2 みどり率（1974年と1998年の比較）
資料：東京都「緑の東京計画」2000年

3-3 緑のネットワーク方針
資料：東京都「10年後の東京」2006年

大規模開発による緑の貢献

● **緑の量の増加**〜公園・緑地の整備、建築緑化〜

都心区の緑被率の変遷をみると、近年緑の減少は止まり、改善傾向にある（図3-4）。

3-6 大規模開発が行われた地域（町丁目）の緑被率の増減（港区）

町丁名	96〜06年緑被率増減	主な再開発プロジェクト
六本木1丁目	+5.23%	アークヒルズ（1986）、六本木ファースト（1993）、泉ガーデン（2002）
赤坂1丁目	+4.97%	アークヒルズ（1986）、赤坂インターシティ（2005）
六本木6丁目	+6.01%	六本木ヒルズ（2003）
芝3丁目	+5.84%	芝公園ファーストビル（2000）、芝三丁目東地区再開発（2002）
港南2丁目	+4.21%	品川インターシティ（1998）、品川グランドコモンズ（2003）
港区全体	+1.95%	

資料：港区「みどりの実態調査」1997、2007年

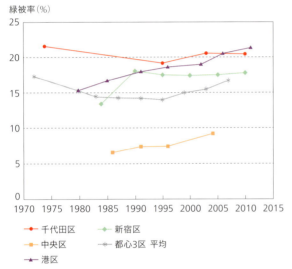

3-4 都心区の緑被率変遷

資料：東京都「環境白書2000」及び各区緑被率調査等を基に作成

屋上緑化の建物件数と累積面積をみると、2008年には約500件の建物で緑化が進められ、2000年からの屋上緑化累積面積は108haにのぼる（図3-5）。

港区の町丁目別の緑被率の変化をみると、港区全体では1.95％の増加に対して、2003年に六本木ヒルズが整備された六本木6丁目では、6.01％増加している。その他にも、大規模開発が行われた地域では増加していることが分かる（図3-6）。

このように、屋上緑化や大規模開発のあった町丁目別の緑被率の増加をみると、都心区の緑の増加は、民間の大規模都市開発、民地における緑地の創造が一定の役割を果たしていると考えられる。

3-5 屋上緑化 建物件数と累積面積

資料：東京都HPより作成

● **緑の質の向上** 〜人が利用し親しめる緑へ〜

　民間の大規模都市開発は、緑の量の増加だけでなく、緑の質の向上にも寄与している。閉ざされていた庭園や埋もれていたまちの資産を顕在化させ、再整備し、一般に広く開放している。

　さらに、民間の大規模都市開発とその後の運営を通して、緑は、見て楽しむだけではなく、緑を活かして様々なアクティビティを生み、緑に親しめる空間やコミュニティを創り出している。

● **再整備により質量ともに向上した緑の事例**

東京ミッドタウン：毛利家（本家）下屋敷の庭園の復元・再生

六本木ヒルズ：毛利家（分家）上屋敷の庭園の復元・再生

丸の内パークビルディング：三菱一号館の復元と広場の整備

大手町タワー：生物多様性に配慮した「大手町の森」の整備

東京スクエアガーデン：地上5階まで立体的に緑を整備

霞が関コモンゲート：外堀の石垣を復元した公開空地

御殿山ガーデン：徳川家品川御殿跡地の庭園整備

● **アクティビティやコミュニティ等の形成に役立つ緑の事例**

アークヒルズ：住民自ら街の緑を育て、管理するガーデニングクラブ

東京ミッドタウン：芝生広場を利用した多様なイベント

六本木ヒルズ：屋上庭園の水田でのコミュニティ活動、子どもの環境学習

本物の森の再現に努めた大手町の森

霞が関コモンゲートにより復元された石垣

立体的に整備された東京スクエアガーデンの緑

江戸の庭園を残す御殿山ガーデン

東京都心の水と緑の変遷

台地と谷地の複雑な地形からなる東京都心

　東京の地形は、その成り立ちから山の手の台地、下町の低地、東京湾沿いの埋立地、そして大田区の一部の多摩川周辺の低地の4つに特徴づけられる。

　なかでも東京都心部は、山の手の台地と下町の低地が交わる地域である。そして、台東・文京・千代田・港・目黒・品川区を縦断するような位置に、本郷台、豊島台、淀橋台、目黒台といった台地が樹枝状に張り出すことで、台地と谷地からなる複雑な地形を形成している（図3-7）。

　都心部に位置するこのような複雑な地形の地域では、江戸以来、地理的資源を活かした土地利用が行われており、現在でもかつての土地利用の面影を数多く目にすることができる。

大規模敷地に残る緑と細分化され失われた緑

　ここでは、複雑な地形上に特徴的な土地利用が行われている地域の代表として、淀橋台に位置する赤坂周辺と六本木・東麻布周辺、豊島台に位置する小石川・後楽園周辺、本郷台に位置するお茶の水周辺の4つの地域（図3-7）について、江戸当時の地形や土地利用がわかりやすい、「五千分の一東京圏測量原図（明治17年）」と現在の地図を比較しながら水と緑の変遷を追ってみることにする（62ページ以降）。

　すると、全地域に共通して大きく3つの特徴が浮き彫りになってくる。

　1つめは、水や緑が失われ、今はほとんど感じることができない場所であり（以下62ページ以降の図中「A地区」）、その多くは、かつて存在していた屋敷林や池などが失われて土地が細分化され、ビルが建ち並んでいる。

　2つめは、水や緑、斜面緑地などの歴史的な環境が残され、保全されてきた場所であり（以下図中「B地区」）、寺社地やかつての大名屋敷跡地など、当時から土地利用があまり変わらない、もしくは大使館等公的な土地として利用されるなどにより、江戸以来の大規模敷地を受け継いでいる場所が多い。

　最後に3つめとして、現代の大規模な再開発により、江戸の武家屋敷の庭園や、崖線等に残された緑の保全等に留まることなく、周辺の細分化された土地の再編や土地利用の大きな転換等を通じて、あらたに緑の再生・創出が行われている場所である（以下図中「C地区」）。

3-7 東京の地形分類図

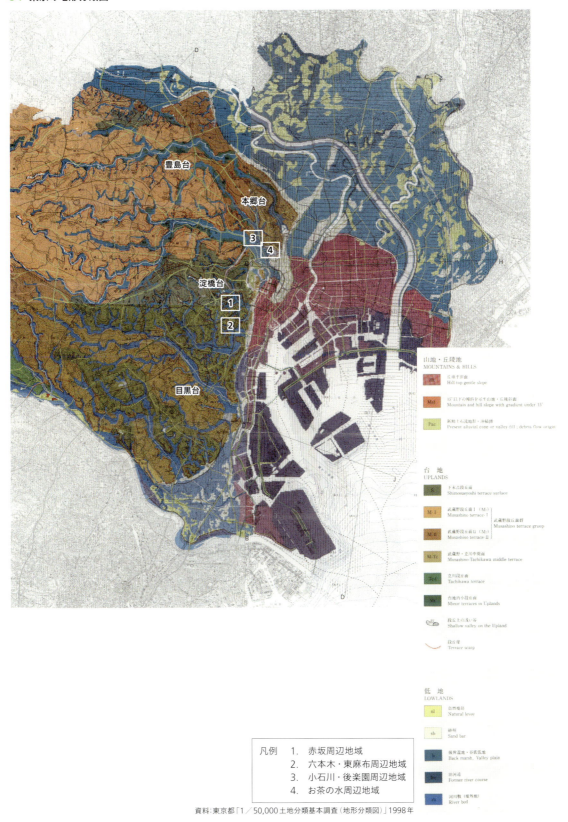

凡例
1. 赤坂周辺地域
2. 六本木・東麻布周辺地域
3. 小石川・後楽園周辺地域
4. お茶の水周辺地域

資料:東京都「1／50,000土地分類基本調査(地形分類図)」1998年

1. 赤坂周辺地域

❶ 江戸時代、福岡藩主黒田家と人吉藩主相良家の大名屋敷があり、1966（昭和41）年まで福吉町と呼ばれていた地域。廃藩置県後は黒田家の私邸となり、庭園内の人工池では鴨狩りも行われていた。今では細分化された土地にビルが建ち並び、池や庭園の名残は感じられない（写真a）。

❷ 江戸から今に残る、氷川神社の境内西側の崖線の緑と階段。周辺は、地域の貴重な緑資源となっている（写真b）。

❸ 南向き斜面の台地には、三井北家を筆頭に江戸から続く邸宅や政府用地等が並んでいたが、空襲により全焼。戦後米軍用地としてひとつにまとめられ、現在は米国大使館宿舎だが、当時からの丘状の地形は今も残されている（写真c）。

❹ 江戸時代の安芸広島藩浅野家屋敷が、明治に陸軍の囚獄所になった。戦災で全焼後、

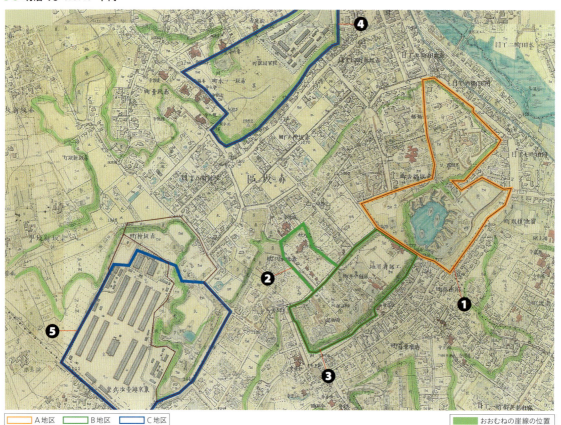

3-8 明治10（1877）年代

資料：国土地理院所蔵　一般財団法人日本地図センター複製　参謀本部陸軍部測量「五千分の一東京図測量原図」1883～1884年

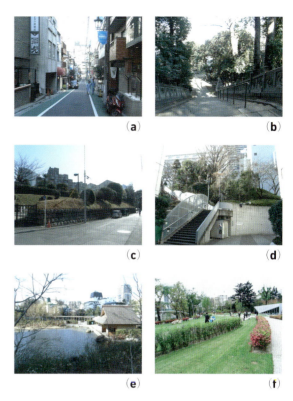

(a) (b) (c) (d) (e) (f)

1955（昭和30）年にTBSが転入。赤坂通り沿いのビルとTBSとの間に埋もれるように、崖線の緑が続いている（写真d）。

❺ 江戸時代の毛利家（本家）下屋敷が、明治初期に陸軍駐屯地、終戦後は米軍将校宿舎、その返還後は防衛庁檜町庁舎という変遷を経て、東京ミッドタウンの開発により、大名屋敷の庭園が整備・再生され、新たな緑も創出された（写真e, f）。

3-9 現在

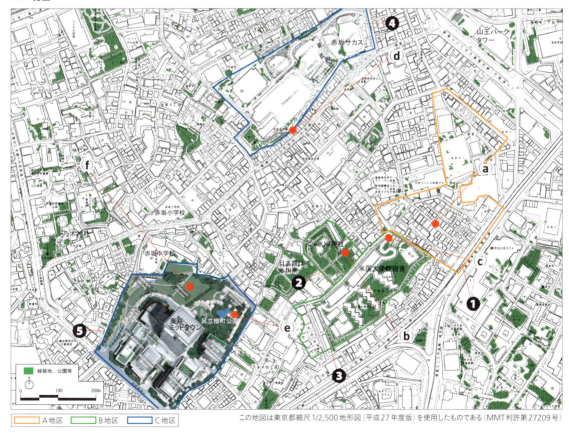

第3章　水と緑を活かした 東京都心のまちづくり

2. 六本木・東麻布周辺地域

❶ 江戸時代以来の敷地や庭園、池などの面影は失われ、今では住宅や小規模ビルの密集した街区が整然と並んでいる（写真a, b）。

❷ 今も江戸時代以来の大規模な敷地として利用され、昔の坂や崖線が残るが、斜面の緑は擁壁によって残されていない（写真c）。

❸ 敷地は分割されているが、江戸からの地形のまま良好な南側斜面に沿って緑地を抱えた建物が配置されている（写真d）。

❹ 1650（慶安3）年に毛利家（分家）上屋敷の庭園として創建され、1887（明治20）年には増島六一郎氏の自邸となり、芳暉園と呼ばれ

3-10 明治10（1877）年代

資料：国土地理院所蔵　一般財団法人日本地図センター複製　参謀本部陸軍部測量「五千分の一東京図測量原図」1883～1884年

る。1952（昭和27）年にニッカウヰスキーの東京工場となり、庭園の池はニッカ池と通称された。その後1977（昭和52）年にはテレビ朝日の敷地となり、2003（平成15）年に六本木ヒルズの再開発とともに、池とその周囲は「毛利庭園」として一体的に保全整備された（写真e）。

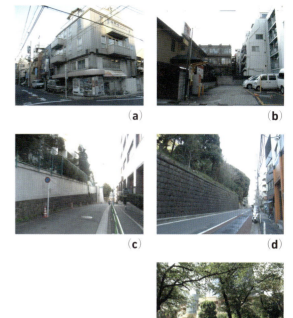

3-11 現在

3. 小石川・後楽園周辺地域

❶ 後楽園は、1629（寛永6）年に水戸徳川家の祖である頼房が手がけた庭を、二代藩主光圀が完成させた庭園。小石川台地の先端に位置して、北側は崖線に沿って丸ノ内線が通り、その上に中央大学の建物がある（写真a）。南側隣接地の一部には、後楽園の緑と連続するように計画された緑が見られる（写真b）。

❷ 水戸徳川家上屋敷跡地に、1871（明治4）年官営軍需工場である東京砲兵工廠が建設されるが、関東大震災で壊滅し、1937（昭和12）年後楽園球場が開業。戦後は遊園地、東京ドーム、ホテル等の大規模開発を重ね、デッキ等による重層的な緑が創出された（写真c）。

❸ 三崎町は、伊予今治藩松平家の屋敷などの武家地が、明治維新後陸軍練兵場となるが払い下げられ、明治中頃には飲食店や三崎三座と呼ばれる3つの劇場ができるなど、活気にあふれるまちとなった。今では、かつての武家地は細分化され、飲食店が多く並ぶ繁華街となっている（写真d）。

3-12 明治10（1877）年代

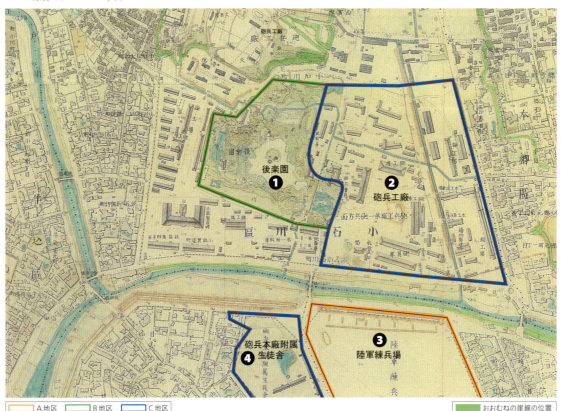

資料：国土地理院所蔵　一般財団法人日本地図センター複製　参謀本部陸軍部測量「五千分の一東京図測量原図」1883〜1884年

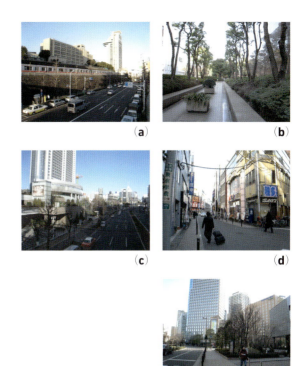

❹ 讃岐高松藩上屋敷から砲兵本廠附属生徒舎を経て、1895（明治28）年に甲武鉄道市街線の飯田町駅開業。1906（明治39）年の国有化後、1933（昭和8）年に貨物専用駅となり、1973（昭和48）年飯田町紙流通センター設立。1987（昭和62）年にJR貨物に継承されるが、1999（平成11）年駅業務全面廃止。その後、周辺部を含めて土地区画整理事業実施。2003（平成15）年に完成し、緑豊かなオープンスペースが創出された（写真e）。

3-13 現在

第3章 水と緑を活かした 東京都心のまちづくり

4. お茶の水周辺地域

❶ 明治初期には多くの江戸期の大名屋敷が細分化され、建物が建ち並んだ。中には街区内に池などの名残を残すものもあったが、今では土地が細分化され、飲食店等が多く並ぶ繁華街となっている（写真a）。

❷ 江戸時代、本郷台の台地を開削して造成した神田川は斜面緑地を形成し、貴重な自然資源となっている。特に神田川の左岸は、豊かな斜面緑地が残り、右岸には鉄道（中央線・総武線）が通る（写真b, c）。

❸ 湯島聖堂は、1690（元禄3）年に林羅山の私塾として開設され、1797（寛政9）年に昌平坂学問所になり、1871（明治4）年に東京国立博物館が、翌年には東京師範学校（後の筑波大学）の図書館が設置された。関東大震災で焼失したものの1935（昭和10）年に再建され、戦後は、敷地の過半が東京医科歯科大学湯島キャンパスになったが、残った聖堂の跡

3-14 明治10（1877）年代

資料：国土地理院所蔵　一般財団法人日本地図センター複製　参謀本部陸軍部測量「五千分の一東京図測量原図」1883〜1884年

地は、今も地形と緑を残した一角となっている（写真d）。

❹ 台地上の小松宮邸は、1886（明治19）年以来明治大学キャンパスとして利用され、現在では公開空地や屋上の一部で緑化が図られている（写真e）。

❺ 本郷台地から続く神田台の先端を形成する猿楽町の崖線。斜面の緑は残されているがビルの谷間に埋もれている（写真f）。

3-15 現在

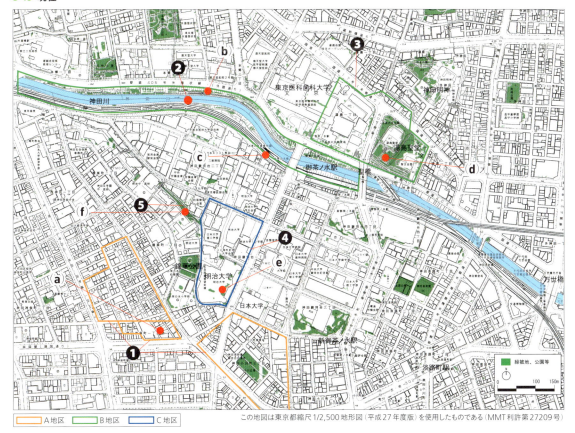

大規模開発による緑と
オープンスペースの創出（創られた緑）

緑の再生・保全から
コミュニティの場へ

　大規模な都市再開発プロジェクトの多くは、その地域のもつ歴史や特性、開発された時代に応じ、積極的に緑の保全・再生が進められ、緑化への貢献を果たしてきた。

　ここでは、東京都心における地域や時代の異なる6つの都市再開発プロジェクトを取り上げ、緑とオープンスペースを中心にその詳細をまとめてみたい。

　細分化された土地を集約したものをはじめ、これらのプロジェクトでは、開発以前よりも多くのオープンスペースを創造し、緑を増やして良好な環境を整備している。そうして生み出された緑やオープンスペースは、多くの人を惹きつける非常に重要な要素となり、ガーデニングクラブやコンサート、桜祭り等のイベントの開催、子どもたちの教育といったコミュニティ形成や交流のためのうるおいのある日常空間として、また非常時には防災活動のための空間として、現代の都市生活において非常に重要な役割を担っている。

　さらに、こうした大規模な都市再開発プロジェクトが連担していく地区では、整備された緑がネットワークとして順次繋がり集積して、より魅力的な地区環境が形成されることになる。その事例として、約30年にわたり都市再開発プロジェクトが連担してきた、六本木・虎ノ門地区と大崎駅周辺地区の2つを節に掲げてみたい。

3-16 大規模開発と標高地形図

資料：国土地理院「東京都区部1:25,000デジタル標高地形図」2006年

六本木・虎ノ門地区の空中写真（2015年6月）

大崎駅周辺地区の空中写真（2016年6月）

第3章　水と緑を活かした 東京都心のまちづくり

① アークヒルズ

● 地域の歴史

江戸末期、赤坂・六本木地区には大名地・上級旗本地・下級武士地・寺社地・町地が入り交じり、現在のアークヒルズ北側部分の美濃大垣藩戸田氏の大名屋敷は、他の大名屋敷とともに、明治以降もアメリカ大使館やホテルオークラなど大規模な土地として残されてきた。一方低地の麻布谷町（現在のアークヒルズ南側部分）は、細分化された密集住宅地として利用されてきた。

戦災により当地区の大半は焼失したが、麻布谷町の一部は被害をまぬがれ、戦前の下町の雰囲気を残した。これが土地利用の転換を遅らせ、また、後に再開発につながる要因ともなった。

● 緑とオープンスペース

・建物の高層化により生まれた空地や低層部の屋上を緑化（写真①）。
・外構植栽と屋上植栽の区別なく一連の繋がりをもった緑地・公園として整備（敷地内低木 39,809 株、敷地内中高木 1,989 本）。
・約 20 mの高低差を利用した広場と緑地を創出（写真②）。外周道路に桜並木を整備。港区「サクラ名所巡り」の観光ルートとして、毎年多くの人で賑わう（写真③）。
・庭園を管理する専任ガーデナーや住民のガーデニングクラブ（六本木ヒルズと合同）などを通して、地域コミュニティを育成（写真④）。

①7つの特徴ある屋上庭園からなるアークガーデン

②アークカラヤン広場

③外周道路の桜並木（さくらまつり）

④アークガーデンにおける子どもの屋外学習

- 公開空地面積：約 23,000 m² （有効面積）
- 公開空地率：約 55%
- 緑被面積 （緑被率）

    従前：1979 年／13,110 m² （26.5%）

    従後：2006 年／18,608 m² （37.5%）

基礎データ

整備手法：第一種市街地再開発事業　高度利用地区　総合設計制度　一団地認定
用途：オフィス、住宅、ホテル、コンサートホール、スタジオ、店舗、集会所等
区域面積：約 5.6ha
敷地面積：約 41,186m²
延床面積：約 360,608m²
容積率：従前 約 55% ▶ 従後：約 740%
住宅戸数：481 戸
着工：1983 年 11 月
竣工：1986 年 3 月

3-17 開発前と開発後

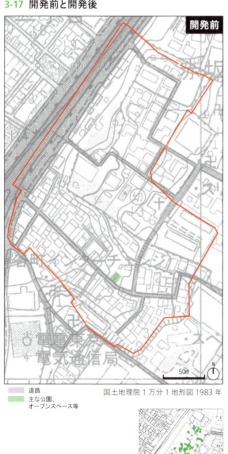

緑地状況

② 泉ガーデン

● **地域の歴史**

　この場所は、江戸時代には相模萩野山中藩大久保氏をはじめとする大名屋敷が建ち並び、明治以降は華族邸宅街へと移り変わった。丘の上には旧住友会館が立地し、庭園には江戸時代からの豊かな緑を残していた。

　一方斜面には、傾斜のある細街路に沿って小規模な住宅が建ち並び、地区内には、永井荷風が1920（大正9）年に木造洋風2階建ての「偏奇館」を新築し、1945（昭和20）年の空襲で焼失するまでの25年ほど居を構えていた。

　1986（昭和61）年に再開発協議会が発足。その後再開発事業として推進し、2002（平成14）年に泉ガーデン開業。

● **緑とオープンスペース**

- 旧住友会館に隣接した江戸時代から受け継がれてきた庭園等と樹林地（約2,000㎡）を保存し、緑地として一般に開放（写真①）。
- 従前の地形に合わせた、斜面状のオープンスペース（アーバンコリドール）を緑化し、六本木一丁目駅の駅前広場として機能（写真②）。
- オープンスペースを利用した、ミニコンサートや防災訓練の実施（写真③）。
- アークヒルズの桜並木（前出）とつながって、地区にまとまった緑のうるおいをもたらしている（写真④）。

①保存・公開された旧住友会館の緑地

②ひな壇状に緑化されたアーバンコリドール

③泉ガーデンテラス（公共施設広場）にて行われているミニコンサート

④泉通りの桜並木

- 公開空地面積：約 9,100 m^2
- 緑化面積：約 6,600 m^2

基礎データ

整備手法：第一種市街地再開発事業　再開発等促進区
用途：オフィス、住宅、ホテル、ギャラリー等
施工地区面積：約 3.2ha
敷地面積：約 23,869m^2
延床面積：約 208,401m^2
容積率：約 752%
住宅戸数：261 戸
着工：1999 年 6 月
竣工：2002 年 7 月

3-18 開発前と開発後

③ 東京ミッドタウン

● 地域の歴史

　江戸時代にこの場所にあった毛利家（本家）下屋敷には檜が多く、別名「檜屋敷」とも呼ばれていた。明治時代には、陸軍駐屯地（第一師団歩兵第一聯隊）、終戦後は米軍将校の宿舎、日本に返還された1960（昭和35）年以降は防衛庁の檜町庁舎として利用されてきたが、防衛庁の市ヶ谷移転に伴い、「400年近く閉ざされてきた土地」から「開かれた街」にすることをコンセプトの一つに掲げる再開発が行われた。

● 緑とオープンスタンス

- 広大な緑地は、外苑東通りの入口を深山と泉に見立て、高原の湧き水・山のせせらぎ・森のエッジ・芝生広場の4ゾーンと、毛利家ゆかりの檜町公園からなる（図①）。
- 開発に併せ、従前の区立公園を一体的に整備（写真②）。
- 約140本の既存樹木を保存・再生（写真③）。
- 芝生広場を利用した様々なイベントで、賑わいを創出（写真④）。

①4つのゾーンの配置図

②一体的に整備された区立檜町公園

③既存樹木の保存・再生

④多様なイベントに活用される芝生広場。災害時は防災活動スペースとして利用

- 約 4 ha のオープンスペース（開発面積の約 40%）

    公共空地（開発行為による 3％提供公園を含む）：

    2.0 ha

    歩行者専用通路＋歩行者専用道路緩衝帯：

    0.5 ha

    従前檜町公園：1.4 ha

- 屋上緑化面積：約 2,300 m²

基礎データ

整備手法：民間都市再生事業　再開発等促進区
用途：オフィス、住宅、ホテル、店舗、コンベンションホール、美術館等
区域面積：約 10.2 ha
敷地面積：約 68,900 m²
延床面積：約 563,800 m²
住宅戸数：517 戸
着工：2004 年 5 月
竣工：2007 年 1 月

3-19 開発前と開発後

国土地理院 1 万分 1 地形図 1999 年

緑地状況

この地図は東京都縮尺 1/2,500 地形図（平成 27 年度版）を使用したものである
（MMT 利許第 27209 号）

緑地状況

④ 六本木ヒルズ

● 地域の歴史

毛利庭園は、毛利家（分家）の毛利秀元が甲斐守となり日ヶ窪上屋敷を設け、その庭園として誕生した。戦前は「乃木大将誕生地」や「毛利甲斐守邸跡」として都の旧跡指定を受け、戦後はニッカウヰスキー東京工場になると、庭園の池はニッカ池と呼ばれた。

テレビ朝日の所有地となった1977（昭和52）年当時は、敷地の西側や北側に中小のビルが建ち並び、最大15mほど落ち込んだ南側の窪地は、分譲された公団住宅や木造戸建て等が密集する住宅地だった。

その後、テレビ朝日本社の建替え検討を発端に、地区内約400件の権利者を中心とした再開発組合が設立され、2003（平成15）年に六本木ヒルズとしてグランドオープンした。

なお民間による市街地再開発事業としては、現在でも国内最大級の規模となっている。

● 緑とオープンスペース

・毛利庭園の保全・公開

非公開であった毛利庭園（約4,300m²）を保全・整備し、一般に公開。古くからの地形が残る北側斜面には、江戸期の庭園を思わせる滝・流れ・池を配置。既存樹木を残すとともに、庭石類の一部を再利用した（写真①）。

・区立さくら坂公園の整備

①江戸からの歴史を顕在化した毛利庭園

②環状3号線上に設けられた広場（66プラザ）

③コミュニティ活動の場としての屋上庭園

④住民による植栽の手入れ（ガーデニングクラブ）

従前の区立公園から約 420 m² 増加した、区立さくら坂公園（約 1,540 m²）を整備。

- **オープンスペースの整備**

  公共空地等（公園、駅前プラザ、立体広場、緑地、広場 1〜3 号）の合計は約 17,250 m² で、従前の区立公園面積の 15 倍（写真②）。

- **屋上庭園を地域コミュニティの場に活用**

  けやき坂コンプレックス屋上にある水田では、住民や地域の子どもたちと田植えや稲刈りを実施。菜園も作られている（写真③）。

- **ガーデニングクラブ**

  まちの中の植栽を管理し、自分たちでアレンジすることで、自分の庭のように草木に親しみ、楽しめる。ガーデニングやイベントを通した地域コミュニティを実現（写真④）。

- **開発域内の緑化率**：従前 14.9％ ▶ 従後 23.3％

  68,000 本の樹木を新たに植樹

  約 1 ha の緑地を新たに創出（従前 1.65 ha ▶ 従後 2.56 ha）

- **有効空地面積**：約 36,500 m²

基礎データ

整備手法：第一市街地再開発事業　高度利用地区　再開発等促進区
用途：オフィス、住宅、ホテル、店舗、美術館、映画館、テレビスタジオ、学校、寺院、備蓄倉庫等
区域面積：約 11.6 ha
敷地面積：約 89,385 m²
延床面積：約 759,100 m²
住宅戸数：837 戸
着工：2000 年 4 月
竣工：2003 年 4 月

3-20　開発前と開発後

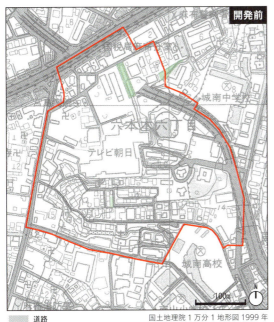

緑地状況

緑地状況

⑤ 恵比寿ガーデンプレイス

● **地域の歴史**

　江戸時代は、大部分が下渋谷村と三田村の田畑であり、1887（明治20）年に設立された日本麦酒醸造会社（サッポロビールの前身）が、1889（明治22）年、現・目黒区三田の地にビール醸造場を建設。その後醸造場を拡張し、1928（昭和3）年「恵比寿ビール」発祥の地として街の地名にもなった。1980（昭和55）年代に工場の新増設が制限されたために、1988（昭和63）年にビール工場が移転し、1994（平成6）年に工場跡地の再開発が完成。

　なお東側に隣接する住宅地には、かつて伊予宇和島藩伊達家の下屋敷があり、今は土地が細分化されて緑も少ないが、「伊達坂」や旧町名の「伊達町」などにその名残が残されている。

● **緑とオープンスペース**

・くすの木通りとプラタナス通りは、両側2列の植栽で緑豊かな歩行者空間（写真①、②）。
・センター広場、シャトー広場、時計広場等が、「東京のしゃれた街並みづくり推進条例」に基づく「活用する公開空地」に指定され、センター広場を中心に様々なイベントで賑わいを創出（写真③、④）。
・新たに区立の景丘公園、アメリカ橋公園、三田丘の上公園を設置。

①両側2列の高木植栽で緑豊かな「くすの木通り」

②プラタナス通り

③象徴的な坂道のプロムナード沿いの並木、スロープに沿って水も流れる

④街区中央にあるセンター広場。大屋根のかかる半屋外空間

・公開空地面積　約 34,000 m²

基礎データ

整備手法：市街地住宅総合設計制度　一団地認定制度
用途：オフィス、住宅、ホテル、映画館、多目的ホール、店舗、美術館、駐車場等
区域面積：約 10.3ha
敷地面積：約 83,000m²
延床面積：約 477,000m²（容積率 480%）
住宅戸数：1,030 戸
着工：1991 年 8 月
竣工：1994 年 8 月

3-21 開発前と開発後

国土地理院 1 万分 1 地形図 1988 年

この地図は東京都縮尺 1/2,500 地形図（平成 27 年度版）を使用したものである（MMT 利許第 27209 号）

　　道路
　　主な公園、
　　オープンスペース等

⑥ 丸の内（丸の内ビルディング他）

● 地域の歴史

　江戸時代、江戸城の外堀と内堀に囲まれた大手町・丸の内・有楽町地域には、大名屋敷が建ち並んでいた。明治に入ると武家地公収により官庁街、兵営街へと転用され、1877（明治10）年頃までに大手町に内務省、大蔵省、文部省、教部省、紙幣寮などが、丸の内・西の丸には太政官代・元老院・警視庁・司法省が、日比谷・有楽町には陸軍省、陸軍練兵場などが置かれた。

　その後、陸軍省移転に伴い丸の内の陸軍用地が三菱の岩崎弥之助に払い下げられ、1894（明治27）年竣工の三菱一号館をはじめとした、赤レンガ建築が建ち並ぶオフィス街が形成された。戦後の高度成長期には近代的なビルへの建替えが進み、現在は再々開発の時期を迎えている。

● 緑とオープンスペース

- ビルの再開発によって生まれた公開空地のポケットパーク化（写真①）。公開空地を各街区の交差点側に作り、ネットワーク化を図る（「大手町・丸の内・有楽町地区まちづくりガイドライン2014」より）。
- 広葉樹の街路樹を整備し、木陰を作る植栽の緑量を増加（写真②）。
- 東京駅八重洲側から行幸通りを通り、皇居へ抜ける風の道を創出（写真③）。
- 積極的な屋上緑化、壁面緑化（写真④）。

①丸の内パークビルディングと一体整備された緑豊かな三菱一号館広場

②木陰を作る緑量の増加（丸の内ビルディング）

③行幸通りの緑と風の道

④ビル基壇部の屋上緑化（新丸の内ビルディング）

- **公開空地面積**：丸ビル：7,034 m²、新丸ビル：3,805 m²、丸の内パークビル：5,442 m²
- **緑化面積**：丸ビル：1,696 m²（緑化率 16.9％）、新丸ビル：1,345 m²（緑化率 13.4％）、丸の内パークビル：2,600 m²（緑化率 21.8％）

基礎データ

丸の内ビルディング
整備手法：特定街区　用途：事務所、店舗、ホール、駐車場
敷地面積：約 10,030m²
延床面積：約 160,000m²
容積率：1437％
着工：1999 年 4 月　竣工：2002 年 8 月

新丸の内ビルディング
整備手法：特例容積率適用区域制度　特定街区
用途：事務所、店舗、駐車場
敷地面積：約 10,020m²
延床面積：約 195,000m²
容積率：1760％
着工：2005 年 4 月　竣工：2007 年 4 月

丸の内パークビルディング・三菱一号館
整備手法：特例容積率適用区域制度　都市再生特別地区
用途：事務所、店舗、美術館、駐車場
敷地面積：約 11,930m²
延床面積：約 205,000m²
容積率：1565％
着工：2007 年 2 月　竣工：2009 年 4 月

3-22 開発前と開発後

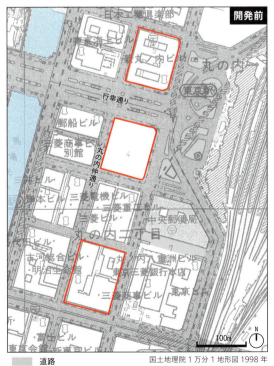
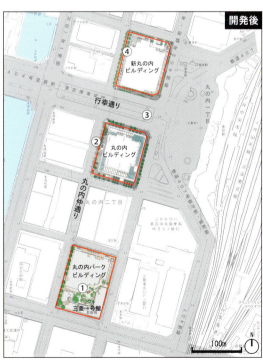

大規模開発の連担により広がる緑のネットワーク

六本木・虎ノ門地区

● 民間大規模開発における緑とオープンスペースの連続

　六本木・虎ノ門地区（約75ha）は、1986（昭和61）年のアークヒルズをはじめとして大規模な複合再開発が続いている。当地区は、「東京都心・臨海地域」として国の都市再生特定緊急整備地域に指定され、多様な事業主体による都市再開発プロジェクトが連担して進められてきた。

　その結果、豊かな緑とオープンスペースがネットワークしたうるおいあふれる環境が創出されて、文化施設や子育て施設等の立地もみられるようになってきた地区である。

緑の歩行者ネットワークの一例

- 六本木一丁目駅 ▶ 泉ガーデン「アーバンコリドール」（2002年整備）▶ 城山ガーデン遊歩道（1991〜1993年整備）▶ 神谷町駅
- 溜池山王駅 ▶ 赤坂インターシティ西側新設区道（2005年整備）▶ アークヒルズ「桜坂」（1986年整備）▶ 泉ガーデン「泉通り」（2002年整備）

● 地区のまちづくり経緯

　1989年：六本木・虎ノ門地区地区計画の指定（港区）、地区更新計画（案）の策定（港区）
　1996年：市街地総合再生計画（素案）の策定
　2002年：都市再生緊急整備地域に指定（国）
　2011年：アジアヘッドクォーター特区に指定（東京都）
　2012年：特定都市再生緊急整備地域に指定（国）、まちづくりガイドラインの策定（港区）

①赤坂インターシティ西側新設区道

②尾根道

③城山ガーデン遊歩道

④まちの保育園六本木と緑

3-23 六本木・虎ノ門地区の大規模開発

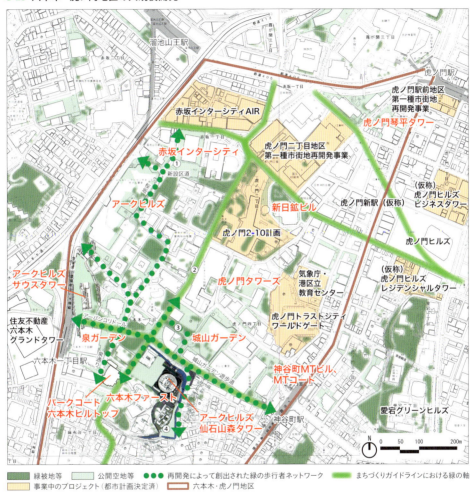

この地図は東京都縮尺1/2,500地形図（平成27年度版）を使用したものである（MMT利許第27209号）

開発名称／建物名称	敷地面積または区域面積	竣工年	開発手法等※	開発名称／建物名称	敷地面積または区域面積	竣工年	開発手法等※
アークヒルズ	約5.6ha	1986年	総・高	虎ノ門琴平タワー	約0.4ha	2004年	総
新日鉱ビル	約1.0ha	1988年	総	赤坂インターシティ	約0.8ha	2005年	総
城山ガーデン	約2.7ha	1991年	総	虎ノ門タワーズ	約1.1ha	2006年	総
六本木ファースト	約1.1ha	1993年	総	パークコート六本木ヒルトップ	約0.3ha	2012年	再
神谷町MTビル、MTコート	約0.6ha	1993年	総	アークヒルズ仙石山森タワー	約1.5ha	2012年	再
泉ガーデン	約3.2ha	2002年	高・再	アークヒルズサウスタワー	約0.6ha	2013年	再

※開発手法等（総：総合設計、高：高度利用地区、再：再開発等促進区、特：都市再生特別地区）

大崎駅周辺地区

● 目黒川を中心とした親水歩行者空間・緑地の整備

大崎駅周辺地区（約60ha）は、1987（昭和62）年の大崎ニューシティを皮切りに大規模な複合再開発が行われている。

当地区は、「大崎駅周辺地域」として国の都市再生緊急整備地域に指定され、緑のネットワークを生み出すように都市再開発プロジェクトが連担して進められ、目黒川を中心とした親水歩行者空間が整備されてきた。

今後もこの地域では、大規模な再開発プロジェクトなどが連鎖し合って目黒川を中心とした水と緑と風のネットワークを形成するよう、まとまった緑の確保への配慮が求められている地区である。

● 地区のまちづくり経緯

1982年：東京都長期計画により副都心（合計7ヶ所）のひとつとして位置付けられる

1987年：大崎駅周辺地区市街地整備構想の策定（テクノスクエア構想）（品川区）

2001年：市街地整備基本方針（品川区）により都市活性化拠点に位置付けられる

2002年：都市再生緊急整備地域に指定

2004年：都市再生ビジョンの策定（大崎駅周辺地域都市再生緊急整備地域まちづくり連絡会）

2005年：大崎駅周辺地域における環境配慮ガイドライン〜水・緑・風のまちづくり〜（同上）

①アートヴィレッジ大崎の川沿いの遊歩道

② Think Park に整備された「大崎の森」

③大崎駅西口の交通広場と緑

④目黒川再生のイメージ（画・山枡勝彌氏）

3-24 大崎駅周辺の大規模開発

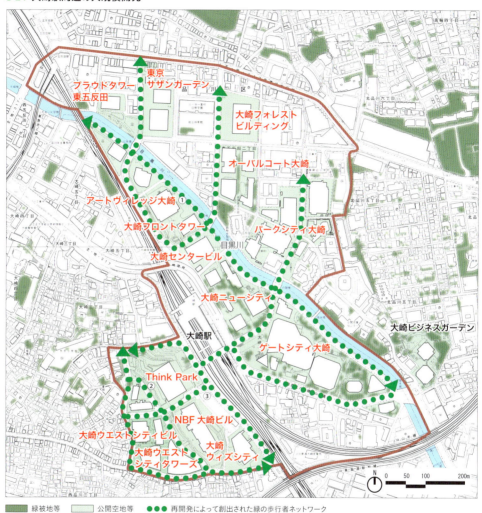

凡例：
- 緑被地等
- 公開空地等
- 再開発によって創出された緑の歩行者ネットワーク
- 都市再生緊急整備地域（大崎駅周辺地区）

この地図は東京都縮尺1/2,500地形図（平成27年度版）を使用したものである（MMT利許第27209号）

開発名称／建物名称	敷地面積または区域面積	竣工年	開発手法等※	開発名称／建物名称	敷地面積または区域面積	竣工年	開発手法等※
大崎ニューシティ	約3.0ha	1987年	高・総	大崎ウエストシティビル、大崎ウエストシティタワーズ	約1.8ha	2009年	再・特
ゲートシティ大崎	約5.9ha	1999年	再・高	東京サザンガーデン	約1.8ha	2010年	再
オーバルコート大崎	約1.9ha	2001年	再	NBF大崎ビル	約1.6ha	2011年	再
大崎フロントタワー	約0.4ha	2005年	再	大崎フォレストビルディング	約1.1ha	2011年	再
アートヴィレッジ大崎	約2.5ha	2007年	再	大崎ウィズシティ	約0.7ha	2014年	再
Think Park	約3.9ha	2008年	再・特	パークシティ大崎	約3.6ha	2015年	再・特
プラウドタワー東五反田	約0.4ha	2009年	再				
大崎センタービル	約0.6ha	2009年	再				

※開発手法等（総：総合設計、高：高度利用地区、再：再開発等促進区、特：都市再生特別地区）

第4章

東京都心における交通インフラとまちづくり

本章は、2014年1月発行の報告書「活力と快適性を備えた国際都心実現のために──東京都心部における交通インフラと街づくりの提案」をもとに編集した。
なお、前出報告書とりまとめ後、2016年4月に交通政策審議会による答申（コラム4参照）が発表されている。

序
相互補完する多様な東京都心を支える交通インフラの実現

　東京の都心はこれまで様々にその姿を変えてきた。東京駅直近に生まれた「丸の内」に始まって、淀橋浄水場跡地を活用した「新宿西口」、そして都市再生が進む「六本木エリア」、今やこの3つの大きな拠点が競い合うように活動するまでになっている。

　こうした国際的な業務都心が複数存在することは、東京・日本の経済基盤に大きな安心感と可能性を与えている。最先端の業務を担う都心は、常に世界の新しい動きを先取りする姿に変貌することが求められているが、一方で、我が国の社会経済の中枢である以上、変貌・更新のためとはいえ、その活動を長期間止めることはできない。都心の再生には、都市で営まれる経済活動の力を損なうことなく実現することが求められているのである。

　その意味では、拠点が3つ存在すれば、たとえ一つの地区が変貌・更新の時期を迎えても、あとの2つ、即ち全体の3分の2は確実に動いている。もちろん都心再生は極めて大きなプロジェクトで、計画から完了までに少なくとも30年は必要である。つまり、都心が3つ存在することによって、それぞれの都心は60年のサイクルで、30年をかけて新たな姿へ変貌することが可能となったのである。常に活動を止めることなく、都心の再生を続けられるこうした仕組みが東京に出来上がったことは、まさに東京・日本の持続可能性を高めているといえよう。

　そして今、新たな可能性を有する地域「臨海部」が成長期に入り、次の可能性を秘めた地域「品川・羽田臨空ゾーン」が生まれようとしている。東京オリンピック・パラリンピック開催が2020年、リニア中央新幹線の開業が2027年、そして2034年には再びサッカーワールドカップに立候補することもできる。次々と変化する世界に対応する強い東京の強い都心をどのように世界と結び付け、どのようにしてそれぞれの力の相乗効果を生み出すのか、このことは多様な都心を複数持つ東京ならではの課題であり、同時に世界に類を見ない壮大な挑戦であるといえよう。

　本章は、次々と変わってゆく東京の都心と世界への玄関、羽田空港やリニア中央新幹線をどのように結びつけるのか、多様な都心同士が相互に支え合い補完し合う関係をどのように構築するのか、そしてさらに魅力的な都心にするためにそれぞれの内部構造をどのように変化させるべきなのか、こういった課題に交通インフラの点から光を当ててみたものである。

　本章が、まだまだ変化する東京に少しでも刺激を与えることができれば幸甚である。

日本大学教授　岸井隆幸

東京都心における交通インフラとまちづくり
―― 本章の構成 ――

交通インフラからみたあたらしい東京都心

- 交通に関わる課題に応える
  - 新たな交通に関わる課題
  - 国際競争力の相対的な低下
  - 新たな社会要請に応える交通システム

- 東京を取り巻く交通インフラの動向
  - 首都圏三環状道路の全体開通
  - 羽田空港の再拡張・本格的な国際空港化
  - リニア中央新幹線の整備
  - 2020年オリンピック・パラリンピック東京大会の開催決定

活力と快適性を備えた国際都市形成のための世界一の都心交通システムの実現

交通の変遷から捉える3つの都心

第1の都心 東京駅周辺エリア	第2の都心 新宿エリア	第3の都心 赤坂・六本木・虎ノ門エリア
江戸・明治以来の中心地	戦後のターミナルと新都心	高度情報化時代における新産業の中心地

多様な機能導入が期待される2つの地域

臨海フロンティア	臨空ゾーン
世界とつながる観光・交流の中心地	国内外の都市をつなぐゲートとしての機能強化

世界一の都心交通システムの実現に向けて

- 提案の基本方針
  - 3つの都心・臨空ゾーン・臨海フロンティア・地域内をネットワークする
  - 多様な交通手段を活かす
  - 多様なニーズに応える

❶ 都心と臨空ゾーンをネットワークする

鉄道
- 2重の"Y"の字で、ネットワークを強化する

道路
- 未整備区間の早期整備と、老朽化区間の大規模更新を行う

❷ 都心と臨海フロンティアをネットワークする

鉄道
- 臨海フロンティアと東京駅周辺、赤坂・六本木・虎ノ門をネットワークする

道路
- 2本の環状道路を活用し、道路軸を形成する

❸ 地域内を魅力的にネットワークする

各地域

Ⅰ 東京駅周辺エリア
- 隅田川などの水の資源と広い道路空間を活かして回遊性を高める

Ⅱ 新宿エリア
- 通過交通を排除し、東西を横断する緑の軸を形成する

Ⅲ 赤坂・六本木・虎ノ門エリア
- 一部に残される交通過疎地域の利便性を向上する

Ⅳ 臨海フロンティア
- 新たな交通手段で輸送力を強化する

交通インフラからみたあたらしい東京都心

交通に関わる課題に応える

東京都心部は、アジア諸都市との都市間競争のなか、様々な機能を集積し、高密度化を進めている。

近年の情報技術の進展により、物理的移動を必要としないコミュニケーションが急増しているものの、東京区部における移動回数は、夜間人口とほぼ同じような伸び率で増加する傾向にあり、多様な交通に関わる課題に対応することが、魅力ある新しい東京都心のまちづくりを進めるうえで欠かせない。

● 新たな交通に関わる課題

2000年以降、りんかい線、大江戸線、南北線、副都心線、日暮里・舎人ライナー、つくばエクスプレス等が開通して東京区部における大型の鉄道の新設はひと段落し、現在は駅改良や複々線化、立体交差化、相互乗り入れ化等の事業が進んでいる一方、都心部では、玄関口となる品川や羽田空港との接続が新たな課題となっている。

また道路基盤をみると、依然として都市計画道路の未整備区間や交通利便性の低い地域が多く残っている。

● 国際競争力の相対的な低下

海外都市では、新技術により利便性を高めた都心部と空港を結ぶ交通インフラや都市内交通インフラが、急速に整備されてきた〔例：上海のリニア及び市内地下鉄網、香港のMTR（注）、欧州のLRT（注）、ソウルやクリチバのBRT（注）等〕。

また利便性向上に留まらず、高架道路の移設や立体利用等の交通基盤の改造により、街の魅力を向上させる都市再生も行われている（例：ボストン、シアトル、デュッセルドルフ、ソウル等）。

注）MTR：Mass Transit Railway。香港最大の鉄道路線システム。
LRT：Light Rail Transit。低床式車両の活用や、軌道・電停を改良した次世代の軌道系交通システム。
BRT：Bus Rapid Transit。連節バス、公共車両優先システム、バス専用道などをみ組み合わせ、高次の機能を備えたバス交通システム。

● 新たな社会要請に応える交通システム

東京都心では、一層の機能集中化（高密度・コンパクト化）に伴い、居住・交流人口の増加に備えると同時に、環境負荷低減、バリアフリー化、景観形成、国際観光推進などの社会的要請にも応えることが求められる。

さらには、自然災害に対する都市機能維持に必要な交通インフラの安全性の向上や、維持、メンテナンスの必要性も表面化してきた。こうした課題に応え、街づくりと一体となって国際都市東京の機能及び魅力向上を図る交通システムの構築が求められる。

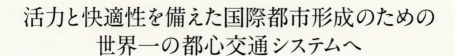

**活力と快適性を備えた国際都市形成のための
世界一の都心交通システムへ**

コラム1
東京の土地利用転換を支えてきた交通

江戸

東京の原型
- 江戸城を中心とした同心円状構造の形成（中心から半径5km程度の範囲に市街地が集中）
  大名地（大手町から日比谷周辺）、旗本・御家人地（番町周辺）、町人地（日本橋、京橋、銀座周辺）、寺社地（芝、浅草、上野）、武家・寺社混在地（赤坂、新橋、六本木周辺）
- 街道沿いに延びる市街地と宿場町の形成

明治～大正

近代都市へ（関東大震災前）
- 鉄道の誕生（1872年）。水上輸送の補完・軍事輸送から都市交通の骨格へ
- 市街電車の誕生（乗合馬車1872年、馬車鉄道1882年）
  市街電車のために幹線道路を拡幅。
  都心部に広がる市電：営業距離は138km（1919年）
  ▶職住分離が進む
- 武家屋敷の跡地利用
  霞が関官庁街、大学、大使館、丸の内ビジネス街（一丁ロンドン）
- 皇居以西（小石川、牛込、四谷、赤坂、麻布、芝）には、墓地や皇室・皇族の土地、軍事用の土地が多く、以後道路整備が進まない要因になっている

大正～昭和

関東大震災からの復興と都市化（戦前期）
- 震災復興計画
  区画整理、公園・幹線道路の整備
  ▶中心部から郊外へ移転、市街地拡大が一層進行した
- 工業化、都市化、人口と産業の都市集中
- 郊外電車の敷設、ターミナル駅、私鉄創立のピーク、住宅地の郊外化
- 東京駅の開業（1914年）、山手線の循環運転（1925年）、地下鉄の誕生：銀座線（1927年）
- 市街電車の発展（都電営業延長は178km。35系統〈1940年〉）
- 東京の山の手を対象とした放射・環状の幹線街路の計画決定（環6、環7、環8）

昭和

戦災からの復興
- 戦災復興計画
  土地区画整理事業（山手線、京浜東北線、総武線の駅前地区等に限られた）
- 工業力の復活（郊外に広がる工場）、都市への人口流入
- 昭和30年代に市街電車の最盛期を迎える（営業延長は213km。40系統〈1962年〉）
- 地下鉄の整備：丸ノ内線

現在

1964年オリンピックから現代へ
- 水面や広幅員道路上を利用した首都高速道路整備
- 公共交通と道路基盤の強化
  地下鉄網の整備、青山通り、目白通り、外苑西通りなどの道路の新設・拡幅
- いまだ未完成路線が残る都市計画道路

世界に類をみない公共交通依存型の都市をつくってきた東京

移動1人当たり消費エネルギーと人口密度

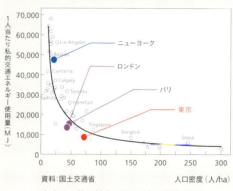

資料：国土交通省

東京は、他の都市に比べて人口密度が高く、エネルギー効率が高い。

海外都市と東京の交通手段分担率

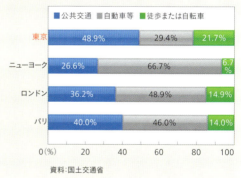

資料：国土交通省

東京は、公共交通の分担率が高い。

東京を取り巻く交通インフラの動向

提案にあたって、東京を取り巻く交通インフラの近年の動向を示す。首都圏全体に影響を与える計画が予定されており、東京都心部の交通システムを考え直す好機である。

● 首都圏三環状道路の全体開通

首都圏三環状道路（中央環状線、東京外かく環状道路、首都圏中央連絡自動車道）の開通により、東京都心部を通過する交通量の減少が期待される。

なかでも中央環状線が、2014年度中の品川線開通により全線開通してルート選択の幅が広がり、羽田空港、東京湾などへのアクセスが向上した。

老朽化が進む現在の首都高速都心環状線などについては、将来のあり方が関係各所で検討されているところであるが、「撤去・再構築」されることを前提とする。

● 羽田空港の再拡張・本格的な国際空港化

羽田空港は、2010年10月に4本目のD滑走路と国際線旅客ターミナルビルを供用開始し、32年ぶりに国際定期便を就航した。

2012年に39万回の発着回数を、2014年度内には44.7万回まで増加しており、更なる増便の必要性も議論されている。

4-1 三環状道路の整備状況（2017年2月26日現在）
資料：東京都建設局

4-2 羽田・成田空港の発着枠の増加
資料：国土交通省資料（2014年）をもとに作成

● **リニア中央新幹線の整備**

　リニア中央新幹線が整備（東京から名古屋までは2027年開業、大阪までは最短で2037年の開業をめざす）されると、東京都市圏（東京・千葉・埼玉・神奈川）、中京圏（愛知・岐阜・三重）、近畿圏（大阪・京都・兵庫・奈良）がおよそ１時間で結ばれる。人口6,500万人の巨大都市圏が誕生し、交流人口が飛躍的に伸びる。

　東京都内の駅は品川の地下に整備予定であり、東京の新しい玄関口となることが期待される。

● **2020年オリンピック・パラリンピック東京大会の開催決定**

　東京2020大会は、1964年の東京大会のレガシーを引き継ぐ「ヘリテッジゾーン」、都市の未来を象徴する「東京ベイゾーン」の２つのゾーンから構成された会場計画である。

　交通インフラの強化、ユニバーサルデザインの導入、外国人にとっても利用しやすい交通を整備する好機である。

4-3 リニア中央新幹線整備による都市圏の拡大

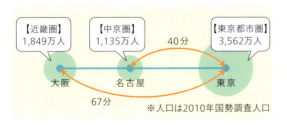

4-4 2020年オリンピック競技会場配置図

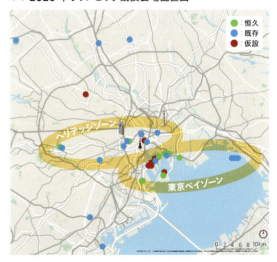

資料：東京2020組織委員会

交通の変遷から捉える3つの都心

　交通ネットワークされた東京都心は、その重心を少しずつ移動させながら特色ある地域を育んできた。結果東京都心全体は、長期サイクルで都市機能の更新が可能な都市構造を築き上げてきた。

　本章でとりあげる3つの都心、「東京駅周辺」「新宿」「赤坂・六本木・虎ノ門」の地域は、交通インフラの整備とともに形成されてきたことがわかる。

● 第1の都心〜東京駅周辺エリア〜
江戸・明治以来の中心地

　日本橋は、五街道の起点で商業中心の町人地として、大手町・丸の内・有楽町は、武家地（大名上屋敷）として江戸の中心であった。

　明治時代に入り、丸の内には日本で最初の近代オフィス街が誕生した。またこの地区は、路面電車が最初に密に整備された場所であり、交通インフラの観点からも、最初の都心と捉えることができる。

　現在では、金融・保険・メーカー等日本を代表する企業が数多く立地し、国内諸都市を結ぶ鉄道ターミナル機能を有している。

4-5 第1の都心〜東京駅周辺エリア〜

● 第2の都心〜新宿エリア〜
戦後のターミナルと新都心

　東京オリンピック（1964年）前の時期に、第1の都心とつながりを持った場所である。

　山手線上で、都心と西に広がる市街地との結節点であり、中央線により新宿が、銀座線により渋谷が、丸ノ内線により池袋が拠点化していった。これらの地域は、いずれも戦災復興により駅前の区画整理が行われたが、いまだに周辺には低層密集市街地が残っている。また、戦後に建てられたビルの更新時期を迎えている。これらの地域を第2の都心と捉え、本章ではそのなかでも新宿を取り上げることとする。

● 第3の都心〜赤坂・六本木・虎ノ門エリア〜
高度情報化時代における新産業の中心地

　地理的には東京駅周辺と新宿・渋谷に囲まれた地域でありながら、都市基盤整備の遅れから空白地帯であった。

　1980年代後半（プラザ合意）から始まる国際化の流れと、1990年代後半からのIT化の流れとともに、外資系企業や新しい産業の受け皿となってきた。また東京タワーに近いため、テレビ放送局も数多く集積しており、2000年には地下鉄南北線、2本目の環状線となる地下鉄大江戸線などの交通インフラが整備されて、新しい産業の集積が加速している。

4-6　第2の都心〜新宿エリア〜

4-7　第3の都心〜赤坂・六本木・虎ノ門エリア〜

多様な機能導入が期待される2つの地域

今後多様な機能の導入が期待される地域として、晴海、豊洲から有明、台場周辺までを「臨海フロンティア」として捉える。

さらに、国内外の都市をつなぐゲートとしての機能を担うことが期待される品川駅から羽田空港までの地域を、広域交通ネットワークのゲート「臨空ゾーン」として捉えることとする。

● 臨海フロンティア
世界とつながる観光・交流の中心地

大規模敷地の特徴を活かした都市開発が行われてきた。現在では、ウォーターフロントの住宅、エンタテインメント施設、大規模商業施設、MICE（注）施設、スポーツ施設などが集まる。

1976年に東京湾トンネル（高速道路のみ）、1993年にレインボーブリッジが開通し、2000年代に入って鉄道（りんかい線、ゆりかもめ）が全線開通したものの今後の開発にともない、交通需要は一層高まることが見込まれる。

注）MICE：Meeting、Incentive Travel、Convention、Exhibition/Eventの頭文字のことであり、多くの集客交流が見込まれるビジネスイベントなどの総称。

● 臨空ゾーン
国内外の都市をつなぐゲートとしての機能強化

品川駅から羽田空港までの広域にわたる地域は、近年の産業構造の転換に伴い、土地利用が変化してきた。たとえば、ウォーターフロントに並ぶ住宅などがその一例である。

現在は港湾機能、物流・倉庫機能を担う（JR貨物線の東京貨物ターミナルが立地）が、品川駅と羽田空港の中間に位置することから、将来は国内外の都市を連結するゲートとしての役割や、ビジネス・居住・レジャー等の様々な土地利用も期待される。

しかしこの地域の鉄道網は、東京モノレールやりんかい線が通るものの、十分ではない。

なお臨空ゾーンは、羽田空港を中心に東京から川崎・横浜までの広域で捉えた際の大きな軸上に位置する。

4-8 臨海フロンティア

4-9 臨空ゾーン

> **コラム2**

サウスゲートとしてのポテンシャルを備えた品川駅周辺

リニア中央新幹線の整備や羽田空港の国際線増加を捉え、東京都を中心に品川駅周辺のまちづくりの検討が進んでいる。

東京都が「品川駅・田町駅周辺まちづくりガイドライン」を策定（2014年（2007年版の改定））

まちづくりの誘導の方向

- 品川駅北周辺地区
  国際的な拠点の形成
- 品川駅西口地区
  MICEの拠点の形成
- 芝浦水再生センター地区
  環境都市づくり、緑豊かなオープンスペースの形成
- 品川駅街区地区
  品川駅と周辺が調和したまちづくりの実現
- その他の地区

特定都市再生緊急整備地域に指定（2012年）

整備の目標

- 品川駅・田町駅周辺地域（184ha）を活用
- 国内外を結ぶ東京サウスゲートにふさわしい交通結節点を形成
- 業務、商業、研究、交流、宿泊、居住などの多様な機能が集積する、新拠点を形成

品川駅・田町駅周辺地域の都市基盤の在り方

資料：東京都「品川駅・田町駅周辺まちづくりガイドライン」(2014年)

世界とつながる臨空ゾーン（3つの交通）

巨大都市圏をつくるリニア中央新幹線

- 2011年に整備計画決定
- 2014年12月着工、2027年東京～名古屋間、最短2037年に名古屋～大阪間開業予定
- 品川から名古屋までは40分（従来のおよそ半分）、大阪までは67分に短縮し、都市圏は一挙に巨大化
- 圏域人口＝3,500万人（現在）→ 4,700万人（2027年）→ 6,500万人（最短2037年）

機能強化する羽田空港

- 2001年の再拡張決定以降、チャーター便開設、各国とのオープンスカイ協定などを経て、2010年より再国際化が本格始動。
- 国際線の乗降客数は年々増加し、2015年には1日当たり3.5万人に迫る。
- 機能強化のために、C滑走路の360m延伸と耐震化、エプロンの増設・改良、CIQ施設の増設（税関：Custom、出入国管理：Immigration、検疫：Quarantine）、アクセス道路の改良などを実施。

国際観光客を呼び込むクルーズ船の受け入れ

- 日本への外国船社のクルーズ船の寄港が2007年270回から2012年409回、2015年965回へと増加している。
- クルーズ需要の取り込みは、国際観光客の受け入れにつながる。
- 近年はクルーズ船の大型化が進み、既存の客船ターミナルに近づけない状況にあり、寄港回数増加と大型化への対応が求められている。
- 大型クルーズ船の寄港地として、新たに臨海副都心に客船ターミナルを整備中。

コラム3

東京都心部の鉄道ネットワークと駅勢圏

東京都心は世界一の鉄道ネットワークを誇る。千代田区・中央区・港区の都心3区内にはJR、東京メトロ、都営地下鉄で合計84ヶ所の駅が存在する。2000年以降も地下鉄整備が進められ、世界一の鉄道ネットワークの充実が図られてきた。しかし赤坂・六本木・虎ノ門エリアや臨海フロンティアには、駅から離れた地域が残る。

東京都心部の鉄道ネットワークと駅勢圏

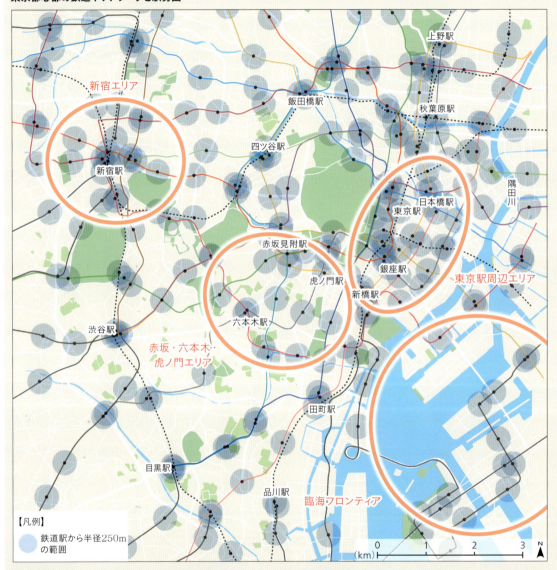

東京駅周辺エリア
- 東京の玄関口としての東京駅。その他有楽町駅、大手町駅等に多くの路線が乗り入れる交通結節点。
- 鉄道交通の密度が高い（特に南北方向に通る路線が多い）。
- 隅田川沿いには駅から距離のある地域がある。

新宿エリア
- 東京の東西を結ぶ巨大ターミナルとしての新宿駅。JR・地下鉄・私鉄が乗り入れる。
- 新宿駅東側では駅から距離のある地域がある。
- 近年新設された路線（地下鉄大江戸線・副都心線）により利便性が向上。

赤坂・六本木・虎ノ門エリア
- 他地域と比較して、鉄道交通の密度が低い。
- 虎ノ門〜神谷町、東京タワー〜麻布台周辺、赤坂周辺など、交通過疎地域が残る。
- 近年新設された路線（地下鉄大江戸線・南北線）により利便性が向上。

臨海フロンティア
- 臨海副都心の開発に合わせて、ゆりかもめと東京臨海高速鉄道りんかい線が整備されたが、乗換駅が少ない。輸送力と速達性が低い。
- 勝どき、晴海、豊洲、有明、東雲などで近年開発が進むものの、エリアの駅密度が他地域に比べて低い。

東京都心部の地形と道路ネットワーク

東京都心の道路ネットワークは、江戸以来の土地利用や地形と密接に関係する。皇居以東は格子状の道路ネットワークであり、以西は谷筋などの地形に沿うように放射状の道路ネットワークが形成されている。環状方向の都市計画道路は未完のものが多い。

東京都心部の地形と道路ネットワーク

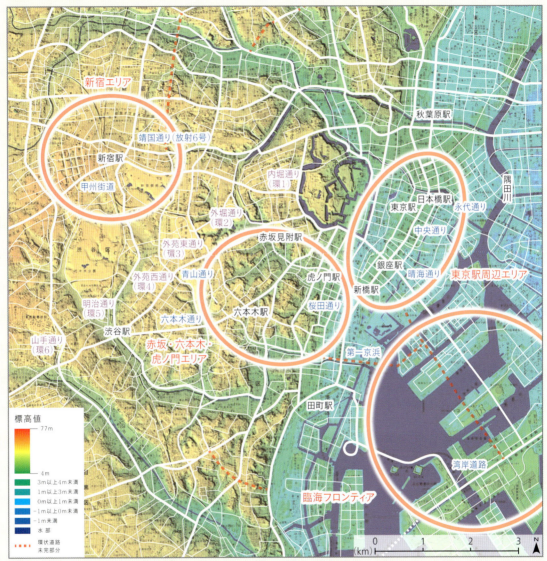

資料：国土地理院「デジタル標高地形図」をもとに作成

東京駅周辺エリア

大手町・丸の内・有楽町
- 道路率が高く、かつて武家地であった大きな街区割が残る。

日本橋・八重洲
- 震災復興区画整理により、昭和通りや永代通りなど、広幅員道路が整備された。
- 河川が埋め立てや高架により、道路として利用されている。

新宿エリア

- 戦災復興により、駅前一帯の区画整理が行われた。
- 西新宿では、新宿副都心建設の際に立体的な道路基盤が整備された一方、東新宿では街区が小さく細街路が残る。
- 新宿駅周辺（甲州街道・靖国通り）は、東西を結ぶ交通が集中するボトルネックとなっている。

赤坂・六本木・虎ノ門エリア

赤坂・六本木
- 谷筋や尾根沿いを通る放射線や環状線が整備されたものの（一部未完）、幹線道路の内側は高低差のある細い道路が残る。

虎ノ門・新橋
- 震災復興及び戦災復興区画整理でつくられた街区は、区割りが小さい。

臨海フロンティア

- 主に工業用地として、明治以来埋め立てられてきた平坦な土地に、広幅員の直線状の道路が整備されている（かつては主に物流に活用）。
- 水路や湾を渡る橋梁、トンネルがネックとなり、各地域のアクセス性が弱い。

世界一の都心交通システムの実現に向けて
～3つの都心・臨空ゾーン・臨海フロンティア・地域内を魅力的にネットワークする～

提案の基本方針

これまでにみてきた3つの都心と臨海フロンティア、臨空ゾーンについて、今後求められる交通インフラのあり方を考えてみたい。

地域を結ぶネットワークについて、まず1つめに、3つの都心と国内外の都市とのゲート機能を担う臨空ゾーン（品川駅から羽田空港までの地域）においては、速達性やリダンダンシーを確保したネットワークを強化することが求められるだろう。

次に、大規模敷地の特徴を活かした都市開発が行われている、3つの都心と臨海フロンティア（豊洲、有明、台場など）の4地域には、お互いに機能補完することができるようなネットワークの強化が求められるだろう。

3つ目に、3つの都心および臨海フロンティアの4地域が、各々の地域特性に応じて、その地域内をきめ細かく回遊することができる交通ネットワークを形成することが求められるだろう。

また、ネットワークの形成にあたっては、日常の通勤や通学をはじめとする人々の様々な移動のニーズに合わせて、新しい技術を取り込んだ交通システムなど、多様な交通手段を活かすことが重要である。

さらに、近年増加する外国人観光客や、ビジネスで訪れる外国人トップリーダーの移動など、新たなニーズに応えることも求められる。

以上より、提案の基本方針をまとめると次のようになる。

■ 提案の基本方針

(ネットワークの考え方)

● **3つの都心・臨海フロンティア・臨空ゾーン・地域内をネットワークする**

❶ **都心と臨空ゾーンのネットワークを強化**
・速達性の高い、直達の公共交通の実現
・高速の自動車専用道路の実現
　▶世界や国内都市とのアクセスが向上

❷ **都心と臨海フロンティアのネットワークを強化**
・利便性と速達性の高い公共交通の実現
・円滑で多重化された道路網の実現
　▶都心間で機能補完が可能（災害時、機能更新時への対応）

❸ **地域内を魅力的にネットワークする**
・職住近接、機能集積の地域づくりを前提とする
・地域特性に応じた、細やかで魅力ある新しい公共交通の導入
　▶自動車に依存しない徒歩や自転車などで生活が可能な地域の実現

(交通手段)

● **多様な交通手段を活かす**

地上、地下、上空、水上、既存交通と新しい交通など、多様な交通手段を組み合わせる。

（利用者）

● **多様なニーズに応える**

通勤、通学、私用で利用する居住者はもちろん、外国人観光客、ビジネスで訪れる外国人トップリーダーにも対応する。

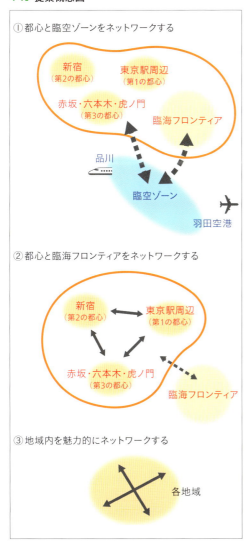

4-10 提案概念図

4-11 3つの都心・臨海フロンティア・臨空ゾーンと交通インフラ

● 都心と臨空ゾーンをネットワークする

Ⅰ 鉄道・公共交通

▶ 現状

・品川・羽田空港と、東京駅周辺エリア・新宿エリアは、鉄道によりネットワークされている（山手線、京浜急行、東京モノレール）。

・赤坂・六本木・虎ノ門エリアと臨海フロンティアは、羽田に直結する鉄道ネットワークがない。

・東京モノレールは、老朽化や速達性の課題がある。

4-12 鉄道・公共交通のネットワークイメージ

▶ 提案

3つの都心・臨海フロンティアと品川・羽田空港を結ぶ2重の"Y"の字で、ネットワークを強化（リダンダンシーを確保）する。

❶ 地下鉄南北線の六本木方面から品川への分岐延伸
▶ 赤坂・六本木・虎ノ門エリアと品川の間のアクセス

❷ りんかい線と貨物線活用による羽田アクセス新線の整備
▶ 羽田空港アクセスの多重化、有明・台場と羽田の間のアクセス

❸ 東京モノレールの再整備（複々線化）
▶ 羽田空港アクセスの多重化

❹ JR蒲田駅と京急蒲田駅の接続
▶ 羽田空港アクセスの多重化

II 道路

▶ **現状**

- 品川・羽田空港と東京駅周辺エリア・赤坂・六本木・虎ノ門エリア・臨海フロンティアは首都高速でネットワークされている（首都高速・都心環状線、羽田線、湾岸線）。
- 新宿エリアは、2014年度に中央環状品川線が開通し、速達性が高まった。

▼

▶ **提案**

品川・羽田空港とネットワークする未整備区間の早期整備と、老朽化区間の大規模更新を行う。

❶ 都市計画道路環状4号線の早期整備
▶ 新宿や赤坂・六本木・虎ノ門と羽田空港の間のアクセス

❷ 東京港トンネル一般部（国道357号線）の早期完成
▶ 有明・台場と羽田空港間のアクセス

❸ 首都高羽田線の大規模な更新
▶ 東京駅周辺や赤坂・六本木・虎ノ門と羽田空港の間のアクセス

4-13 道路のネットワークイメージ

- **都心と臨海フロンティアをネットワークする**

Ⅰ 鉄道・公共交通

▶ **現状**

- 3つの都心（東京駅周辺、新宿、赤坂・六本木・虎ノ門）間は地下鉄やJRでネットワークされている。
  - ▶ 東京駅周辺と新宿：地下鉄丸ノ内線、JR中央線
  - ▶ 東京駅周辺と赤坂・六本木・虎ノ門：地下鉄日比谷線、銀座線
  - ▶ 新宿と赤坂・六本木・虎ノ門：地下鉄大江戸線
- 一方臨海フロンティアは、新宿とはりんかい線で、東京駅周辺とは地下鉄有楽町線で直達できるものの、ネットワークが十分ではない。

▶ **提案**

臨海フロンティアと、東京駅周辺、赤坂・六本木・虎ノ門をネットワークする。

❶ JR京葉線とりんかい線の相互直通運転
  ▶ 東京駅周辺と臨海フロンティア間のアクセス

❷ 環状2号線を活用したBRTの整備
  ▶ 東京駅周辺、赤坂・六本木・虎ノ門方面～臨海へのアクセス

4-14 鉄道・公共交通のネットワークイメージ

Ⅱ 道路

▶ **現状**

- 3つの都心（東京駅周辺、新宿、赤坂・六本木・虎ノ門）と臨海フロンティアは首都高速でネットワークされている。
    - ▶ 都心環状線
    - ▶ 新宿線
    - ▶ 台場線
- 一方一般道路は、環状の都市計画道路に未完成部があり、ネットワークが十分ではない。

▼

▶ **提案**

2本の環状道路を活用し、都心と臨海フロンティアを横断する道路軸を形成する。

❶ 環状2号線の早期整備（環状2号線〜靖国通りの軸）

❷ 環状3号線の早期整備（環状3号線〜甲州街道の軸）

4-15 道路のネットワークイメージ

東京駅周辺エリア

● **地域の特徴**
- 歴史あるビジネス都心。東京駅周辺は、業務の中心から商業・観光・交流機能を擁する複合市街地へと変貌。
- 商業中心の銀座。皇居、歌舞伎座を始め、国際的観光資源が集まる。
- 鉄道網の充実（特に南北方向に密）。
- 道路率が高く、休日は自動車交通量が少ない。
- 水辺が近い。近年、隅田川、日本橋川が水上交通に利用されてきている。
- 地域を循環するバスが導入されつつある（丸の内シャトル、メトロリンク日本橋、江戸バス）。
- コミュニティサイクルの実証実験が行われてきた。

● **地域の課題**
- 東京駅の東西でそれぞれ個性を有するが、それらが分断している。南北方向と比較して、東京駅東西を挟む回遊性が低い。
- 隅田川沿いに交通過疎地域が残る。
- 首都高速用地確保のための埋立て等により、水路網が失われてきた。

4-16 水路の変遷

資料：御江戸大絵図（早稲田大学図書館所蔵）（天保期）をもとに作成

― 首都高速

4-17 かつての水路跡

旧楓川、旧築地川の掘割を利用して半地下構造で作られた京橋～汐留付近の都心環状線。

旧京橋川を埋め立てて高架に造られた東京高速道路（会社線）。下部は駐車場や店舗等に利用されている。

- **隅田川などの水の資源と広い道路空間を活かして回遊性を高める**

▶ 提案

❶ 水路再生と舟運ネットワークの整備

- 首都高速道路撤去により活用が可能となった水路を再生
- 「水辺の拠点」（舟運拠点）を整備（東京駅周辺エリアでは浜離宮・築地、越中島、日本橋、常盤橋、大手町、竹橋）
- 隅田川の水上交通と地上の交通を連絡
- 災害時の帰宅困難者や物資の水上輸送など、防災用途にも活用

❷ 休日の歩行者・自転車モールの整備

- 中央通り、丸の内仲通りをはじめとする賑わいの軸を形成（交通量の少ない休日に実施）
- マルチポート型レンタサイクルシステムの導入（駅やホテル、公園、歩行者・自転車モール沿いにサイクルポートを設置）
- 徒歩や自転車で、地域内の国際的観光資源を周遊

❸ 東京駅東西をつなぐコミュニティバスの整備

- 東京駅、「水辺の拠点」、皇居、歩行者専用モールを結ぶ
- 水上交通や既存地下鉄駅と連絡する

4-18 東京駅周辺エリア　提案イメージ

新宿エリア

● **地域の特徴**

- 地下鉄が順次整備され、利便性を高めてきた（大江戸線・副都心線の整備、地下通路ネットワークの拡大）。
- 再開発と併せて道路整備が進められている（放射6号線〈税務署通り〉：北新宿地区・西新宿八丁目成子地区等、環状4号線：富久地区）。
- JRの線路上に人工地盤を創出し、歩行者広場、タクシーや一般車の乗降場、高速路線バス関連施設などの機能を持つ、総合的な交通結節点を整備。
- 新宿駅周辺地域の回遊性を高める東西自由通路を整備中。

● **地域の課題**

- 新宿駅周辺に幹線道路が集中し、慢性的な交通渋滞が起きている。
- 新宿駅を挟み、東西に街が分断されている（新宿駅東西周回のコミュニティバスはある。また、上記のとおり、人工地盤や自由通路を整備中）。
- 新宿駅東口周辺は、歩行者空間が十分ではない（路上駐車、駐輪により歩行者空間が阻害されている）。
- 一方新宿駅西口周辺（新宿副都心）は、街区が大きく公開空地は十分だが、歩行者空間やオープンスペースの賑わいや一体性に欠ける。
- 築40年超の建物もあり、近い将来更新期を迎える。
- 新宿駅東側には、環状幹線道路（環状3号線、環状4号線）の未整備区間が残る。

4-19 新宿駅周辺の現状

- **通過交通を排除し、東西を横断する緑の軸を形成する**

▶ 提案

❶ **新宿駅外周環状ルートの設定による駅周辺の通過交通低減**
- 甲州街道～明治通り～職安通り・税務署通り～十二社通りの環状ルート化
- 環状ルート循環バスを新設（新宿駅南口発着）
- 再開発事業により整備された道路の活用
- 靖国通りは地区内交通専用

❷ **商業施設の集積する東口エリアの歩行者モール化**
- 外周部の既存大型駐車場の活用
- イベント広場、エンタテインメント性のあるアーケードモール化
- 地下通路ネットワークも併用し、地上と地下で2層の歩行者空間とする

- 共同配送や早朝夜間配送による物流効率化

❸ **新宿副都心超高層ビルの建替えに併せた歩行者ネットワークと地域交通の整備**
- メインストリートとなる中央通りの再整備（緑道化、サンクンガーデン等空地や歩行者通路、隣接建物の連続化）
- 建物の集約・再配置による、まとまった公園緑地の確保
- 連絡シャトルの整備（新宿駅～新宿中央公園・東京都庁間、2～3階レベルで建物低層部屋上や建物内を走行）

❹ **新宿駅の大規模改造**（駅上広場の整備）
- 新宿駅ビルの更新時には、駅東西をまたぐ駅上広場と西口ロータリーの再開発
- 新宿中央公園～新宿御苑の緑の軸を形成
- 西武新宿駅のJR接続

4-20 新宿エリア　提案イメージ

赤坂・六本木・虎ノ門エリア

● **地域の特徴**
- 地下鉄大江戸線や南北線などが整備され、IT産業などの新たな産業を受け入れてきた。当地域の駅の乗降客数は大きく増加している。
- 地形が入り組み、高低差・起伏が大きい。
- 環状2号線新橋・虎ノ門地区の再開発により、2014年に道路と虎ノ門ヒルズが竣工。
- 環状2号線は、2020年のオリンピックレーンに位置づけられている。

● **地域の課題**
- 震災や戦災の復興では大規模な整備がされず、谷筋の幹線(放射方向)以外、十分な補助幹線がないので、道路基盤が弱い。
- 幹線道路基盤(環状2号線、環状3号線、補助4号線等)が未完成(ただし、自動車交通量は減少傾向)。
- 公共交通密度の低い地域が残る。鉄道の駅間距離が長く、駅密度が低い。乗り換え駅も他の地域と比べて少ない。

4-21 乗降客増減率(2002〜2007年)

六本木周辺、汐留の乗降客数増加が顕著。都市開発による昼夜間人口・交流人口増加の影響が大きい。図中の数値は1日平均乗降客数。特に記載のない数値は東京メトロ

資料:各社発表資料をもとに作成

4-22 駅勢圏・バス勢圏

- **一部に残される交通過疎地域の利便性を向上する**

▶ 提案

❶ 環状2号線、環状3号線、補助4号線の整備

・環状方向の都市計画道路（未完路線）を整備

❷ 鉄道過疎地域を解消する地下鉄新駅と中広域マストラの整備（BRTなど）

・鉄道過疎地域に新駅を設置（日比谷線霞ヶ関駅・神谷町駅間など）

・環状2号線を利用した中広域マストラを整備（BRTまたはLRT、バスターミナル）

❸ 地域内循環交通の整備（コミュニティバスなど）

・高低差のある地域を東西に横断して、南北に縦断するJRや地下鉄の駅と接続

・浜松町〜新橋〜虎ノ門〜麻布台〜六本木を巡回する交通システムを整備（コミュニティバス、エコライド（注）など）

注）ジェットコースターの技術を発展させた公共交通システム。動力を持たない車両により、車両の引き上げ時以外外部からのエネルギー供給が不要。

❹ 地形を活かした歩行者ネットワークの整備

・道路整備と併せ、地形を貫く散歩道を整備

・歩行者空間、オープンカフェ、賑わい空間、自転車道を整備（自動車交通以外の道路利用への転換）

4-23 赤坂・六本木・虎ノ門エリア　提案イメージ

臨海フロンティア

● 地域の特徴

- 港湾機能や工業機能のために埋め立てられた地域の機能転換により、複合市街地が形成されてきている。
- 大規模な商業施設や MICE 施設などが集積。
- 交流人口、居住人口が大幅に増加している。
- 「東京ベイゾーン」として 2020 年東京オリンピック・パラリンピックの競技会場などが集中する。
- 都心と接続する道路整備が進められている。
  （環状 2 号線・汐留〜晴海間〈整備中〉、東京港臨海道路〈2012 年〉、東京港トンネル一般部〈国道 357 号〉〈整備中〉）

● 地域の課題

- 都心や羽田空港とのアクセスが弱い。輸送力や都心までの速達性で課題がある。
- 公共交通が圧倒的に不足しており、駅密度が低い。
- 歩行者空間は広いが、施設間の移動がやや困難（2012 年からコミュニティサイクルのサービスを実施）。

4-24 人口の推移

資料：住民基本台帳

4-25 ピーク時 1 時間あたりの輸送力　　単位：人

ゆりかもめ	6,336
大江戸線	14,820
銀座線	18,240
りんかい線	18,480
丸ノ内線	23,731
日比谷線	28,224
有楽町線	34,176
山手線	40,700
半蔵門線	39,872
千代田線	41,296

資料：(一財) 運輸政策研究機構「都市交通年報」2012

4-26 鉄道網と駅の分布

- **新たな交通手段で輸送力を強化する**

▶ 提案

❶ 都心とをつなぐ中広域マストラの整備

・環状2号線を利用した交通システムの整備（BRT、LRTなど）。

・りんかい線と京葉線を新木場で接続し、相互直通運転（千葉方面から羽田方面へのアクセスにも寄与）。

❷ 地域の回遊性を向上させる新しい交通システムの導入（IMTS（注）、PMV（注））

・鉄道を補完する新交通（IMTS）の整備。水運と接続も有効。

・大規模施設（MICE施設、商業施設等）間の回遊性向上のためのPMVの導入。

・先進技術を活用した地域交通の整備により、都市交通のショーケース化。

注）IMTS：Intelligent Multimode Transit System。無線通信により、自動運転での隊列走行を可能にした新しいバス交通システム。
PMV：Personal Mobility Vehicle。歩行者と既存の乗り物の間を補完する目的をもった1〜2人乗り程度の車両および移動支援機器。

❸ 品川・羽田空港とのアクセスの強化

・りんかい線の品川埠頭あたりから分岐し、八潮車輌基地経由で羽田空港へアクセスする路線の整備。

4-27 臨海フロンティア　提案イメージ

コラム4

東京圏における今後の都市鉄道のあり方について（2016年4月 交通政策審議会答申）

鉄道整備計画策定の前提条件
❶ 目標年次：概ね2030（平成42）年
❷ 対象地域：東京都心部を中心とする概ね半径50kmの範囲
❸ 対象交通機関：高速鉄道を中心としたモノレール、新交通システム、路面電車を含む鉄軌道

2030年の人口及び鉄道輸送需要の予測
❶ 2030年の東京圏の夜間人口は、2010年より4％減り、高齢化が急速に進展。
❷ 2030年の東京圏の鉄道流動は、現在より微増。

今後の都市鉄道のあり方
❶ 国際競争力の強化に資する都市鉄道
　航空・新幹線との連携強化、国際競争力強化の拠点となるまちづくりとの連携強化
❷ 豊かな国民生活に資する都市鉄道
　混雑の緩和、速達性の向上、シームレス化
❸ まちづくりと連携した持続可能な都市鉄道
　ユニバーサルデザイン化、郊外部のまちづくりとの連携強化、エコデザイン化
❹ 駅空間の質的進化～次世代ステーションの創造～
　「駅まちマネジメント」（駅マネ）の推進、更なるバリアフリー化の推進、更なる外国人対応の推進、分かりやすく心地よくゆとりある駅空間の形成、まちの一体性の創出
❺ 信頼と安心の都市鉄道
　遅延の「見える化」、鉄道事業者における取り組みの促進、鉄道利用者との協働、鉄道利用者への情報提供の拡充
❻ 災害対策の強力な推進と「見える化」
　災害対策の「見える化」、ハード・ソフト両面からの強力な災害対策の推進

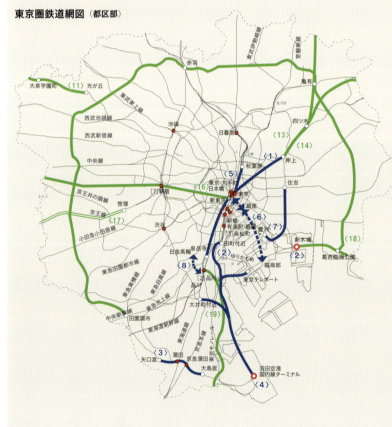

東京圏鉄道網図（都区部）

凡例
- 国際競争力の強化に資する鉄道ネットワークのプロジェクト
  - 路線の新設
  - 路線の新設（起終点が未定のプロジェクト）
  - 既設路線の改良
- 地域の成長に応じた鉄道ネットワークの充実に資するプロジェクト
  - 路線の新設
  - 複々線化
- 駅空間の質的進化に資するプロジェクト等
  - 駅プロジェクト等

東京圏における今後の都市鉄道の具体的なプロジェクトの検討（都区部のみ）
(1) 都心直結線の新設
(2) 羽田空港アクセス線の新設及び京葉線・りんかい線相互直通運転化
(3) 新空港線の新設
(4) 京急空港線羽田空港国内線ターミナル駅引上線の新設
(5) 常磐新線の延伸
(6) 都心部・臨海地域地下鉄構想の新設及び同構想と常磐新線延伸の一体整備
(7) 東京8号線（有楽町線）の延伸（豊洲～住吉）
(8) 都心部・品川地下鉄構想の新設
(11) 東京12号線（大江戸線）の延伸
(13) 東京8号線の延伸
(14) 東京11号線（半蔵門線）の延伸
(16) 京葉線の中央線方面延伸及び中央線の複々線化
(17) 京王線の複々線化
(18) 区部周辺環状公共交通の新設
(19) 東海道貨物支線貨客併用化及び川崎アプローチ線の新設

第5章

低炭素で防災に優れた
東京都心のまちづくり

序
世界一安全・安心で低炭素な東京都心づくり

　東京は、世界で一番自然災害（地震・津波・火山）による危険性が高い都市であると共に、あってはならない人為的災害としての福島原発事故が起こった。その結果、日本のエネルギー基本計画は根本から見直しを迫られ、同時に2020年東京オリンピック・パラリンピック競技大会の開催に当たっての安全・安心も心配される。2015年の閣議では、安全・安心のために数多くの施策と共に、災害時に電源が確保される自立分散・多重化を国が支援することを決定している。

　東京は、世界一過密で巨大な首都であることによる安全施策と共に、全電源を消失させないためのコージェネレーションシステム（CGS）を利用して、72時間から1～2週間の系統回復までの事業継続計画（BCP）の策定と同時に、COP3に続くCOP21のパリ協定に対しても配慮した低炭素都市づくりが求められている。

「東京のエネルギーと防災性向上」では、この点に着目して、東日本大震災から学んだインフラストラクチャーの実情と、過酷災害時の電力・ガス・水道・通信等のインフラ整備、自立分散型施設のあり方、東京都心の排熱導管ネットワーク構想等について記した後、低炭素都市づくりのベースとなる自然環境インフラとしての「風の道」づくりについて記す。

「業務継続地区（BCD）実現に向けて」では、国際都市としての東京の業務継続地区（BCD）実現に向けた対策について記す。

　中央防災会議の2013年12月の報告によれば、電力ライフラインの被害は被災直後2週間は50％の供給能力とされることから、BCD地区は、72時間BCP対策から2週間は電力源を確保することが求められる。そのためには、新しい熱・電力・水・情報インフラのネットワークが必要になる。その一例として、丸の内3-2計画と赤坂一丁目地区の事例を示す。

「スマートエネルギーシステムの展開と水素社会の実現に向けて」では、COP21対策としてのスマートエネルギーシステムと水素社会の実現に向けた事例を示す。

　世界一安全・安心で低炭素な東京都心づくりには、電源確保を第一に考えた広域エネルギーネットワークと自立分散型電源確保策を達成するための高次都市インフラが不可欠である。

　大都市の熱利用は非常に多く、その熱エネルギーに都市排熱が有効活用されていないのが、東京の最大の欠陥である。電力とガスが一緒になり、熱利用も含めての効率を上げるためには、電力会社はガスを、ガス会社は電力を供給し、共に熱をうまく使うことが重要である。

　東京で吸収式冷凍機が非常に普及しているのは日本の特徴で、80℃以上の排熱であれば冷房にも使用することが可能であり、都心に排熱導管ネットワークができれば、CGSによる自立分散型電源配置が経済的にも成立する。

早稲田大学名誉教授　尾島俊雄

低炭素で防災に優れた東京都心のまちづくり
―― 本章の構成 ――

東京のエネルギーと防災性向上

・東日本大震災から得た教訓

・首都直下地震への対処
　派遣人員数の限界、自衛隊活動の効率化、関係機関・自治体との連携、住民の自助・共助

・東京電力の電力需給実態
　原子力発電所の稼働減により老朽火力発電所をベースとせざるを得ない実態、電力供給からすると原子力発電所の再稼働が切実に要求されている

・東京ガスのインフラ整備実態
　北関東エリアのインフラ整備（日立LNG基地、ガス幹線のループ化）

・東京湾の石油備蓄と安全・安心問題
　石油コンビナートや原子力発電所の安全対策と、市町村の地域防災計画が十分にリンクしていない

・東京都心の排熱導管ネットワーク構想
　東京都長期ビジョンに掲げる省エネルギー化とCGS利用拡大のために必要となる、排熱導管のネットワーク化

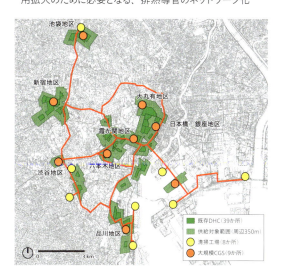

業務継続地区（BCD）実現に向けて

・高まる企業の災害対応意識

・首都直下地震の被害想定と対策
　最大1200万軒（全体の5割）の停電、最大800万人の帰宅困難者、電力等エネルギー復旧の重要性、注目すべき「銭湯」の利活用

・災害時業務継続地区の拡充（2015年度）
　官民多様な主体・施設を巻き込み最大限の効果を発揮する取り組みへの支援、都市計画の垣根を取り払うエネルギーの面的融通の検討

・CGS導入と新都市共同溝による防災性向上
　耐震性に優れた高圧・中圧ガス導管、CGSによるBCDの実現

スマートエネルギーシステムの展開と水素社会の実現に向けて

・日本のCOP21（パリ協定）対策

・スマートエネルギーシステムの展開
　情報通信技術（ICT）を活用したスマートエネルギーシステムによるBLCPの実現、CGSの事例（六本木ヒルズ、田町駅東口北地区）

・水素社会の実現に向けて
　燃料電池自動車・バスの開発、水素ステーションの建設、家庭用・業務用燃料電池の開発、水素の調達・供給方法の研究・整備

東京のエネルギーと防災性向上

東日本大震災から得た教訓

2011年3月11日の東日本大震災と1995年1月17日の阪神・淡路大震災におけるライフラインの被害実態及びライフラインの復旧状況を、図5-1、5-2、5-3に示す。

主なライフライン被害の特徴としては、津波・液状化・原発事故・エネルギー（電力・燃料）逼迫・帰宅困難者等がある。

5-1 東北地方太平洋沖地震

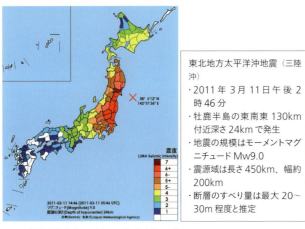

資料：気象庁（Japan Meteorological Agency）

5-2 ライフライン復旧日数

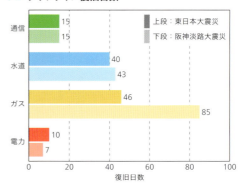

資料：経済産業省震災情報報道資料、日本ガス協会報道資料、厚生労働省災害情報報道資料、水道新聞、NTT東日本報道資料より尾島俊雄研究室作成

5-3 東日本大震災と阪神・淡路大震災におけるライフライン復旧過程比較

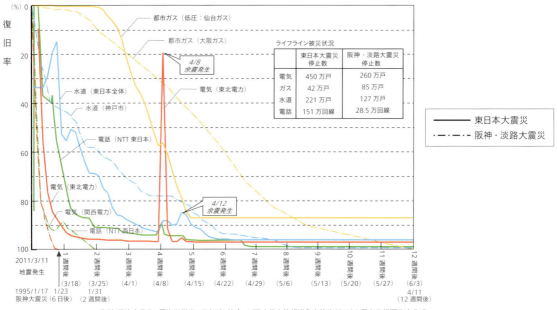

資料：経済産業省、厚生労働省、日本ガス協会、NTT東日本等報道発表等資料により尾島俊雄研究室作成

首都直下地震への対処

2011年3月11日に発生した東日本大震災では、津波による被害の影響が大きく、被災者数における死者数の割合が高くなっている（死者：約64％）。

一方首都直下地震においては、建築物等の倒壊による被害の拡大により、ガレキによる大量の負傷者が発生することが想定されており（負傷者：約84％）、東日本大震災以上に人命救助に係る対処需要が想定される。1995年の阪神・淡路大震災も同様の傾向を有しており、死者数に比して多くの負傷者が発生している（負傷者：約87％）。

首都直下地震における自衛隊の対処勢力は、東日本大震災におけるそれとほぼ同等でありながら、約6倍の被災者および約15倍の避難者への対処需要が想定されている。実際、東日本大震災においては、一日最大派遣人員約10.7万名が対処に当たったが、首都直下地震発生時には、対処需要が増大するからといって同じ割合で派遣人員を増大させることは困難である。また、人命救助や障害物の除去といった首都直下地震による被害への一時的な対応に加え、首都機能の維持および回復に努める必要もあるが、自衛隊の対処勢力には限界があり、人命救助を優先的に進めるためにも、自衛隊の活動の効率化および関係機関・自治体との連携や住民の自助・共助が、極めて重要である。

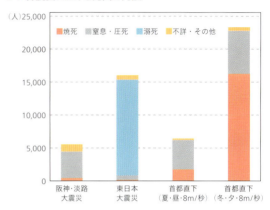

5-4 各震災における死因の内訳

資料：厚生労働省、警視庁、中央防災会議資料より尾島俊雄研究室作成

東京電力の電力需給実態

2011年3月の東日本大震災における東京電力の福島第一原子力発電所の過酷事故で、日本のエネルギー基本計画が抜本的に見直されることになった。ベースの50％、ピークの30％を柏崎と福島第一・第二原子力発電所に依存していた東京電力の供給力が完全に崩れた今日、東京湾岸の火力発電所をベースとせざるを得なくなっており、その火力発電所の40％は建設されて35年以上を経過した老朽火力発電所である（図5-6）が、幸か不幸か2010年当時のピーク電力が5,999万kWであったに比して、2015年のピークは4,957万kWと約1千万kW需要が減少した（図5-9）。この需要に対して供給力は5,371万kW（表5-7）で、予備率は8.3％と10％を割っており、さらに400万kWも需要が増していれば大停電の危機があっ

た。しかも他社から1,028万kWの供給を受けての供給力であったことを考えると、原発の再稼働が本当に要求されていることがわかる。

全国の電力会社からの地域間連携線（図5-8）を見ると、西からの供給力は周波数変換設備容量が120万kWにすぎないことから、東北からの供給余力に大きく依存している状況下に置かれている。

別途、再生可能エネルギーとしてソーラー発電があるものの、700万kWの認可実績に対して、表5-7を見る限り1万kWしか利用していないのが心配である。

5-5 発電所および送電幹線網

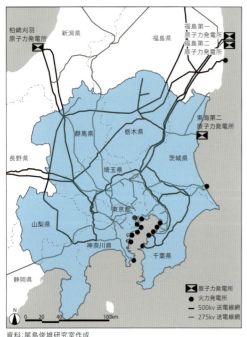

資料：尾島俊雄研究室作成

5-6 東京電力の火力発電所（3,864.5万kW）

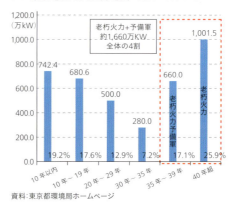

資料：東京都環境局ホームページ

5-7 電力需要（2015年）

		8月需給見通し (5/22 公表)	最大需要発生日 実績 (8/7)	(差異)	備考
供給力-需要（万kW）／使用率（予備率）		560／90%（11.0%）	414／92%（8.3%）	—	
需要（発電端1日最大（万kW）		5,090	4,957	▲133	
供給力（万kW）		5,650	5,371	▲279	
自社	原子力	0	0	0	
	火力	3,771	3,384	▲387	・補修（千葉3-3軸、川崎1-1軸他）、増出力の不実施　等
	水力	126	111	▲15	・出水状況による減
	揚水（揚水は自社・他社の合計）	920	847	▲73	・運用状況による減
	地熱・太陽光・風力	1	1	0	
他社受電		832	1,028	196	・他社太陽光の受電増　等
	太陽光・風力　再掲	122	377	255	

資料：東京電力ホームページ

5-8 地域間連携線の送電容量（2012年度）

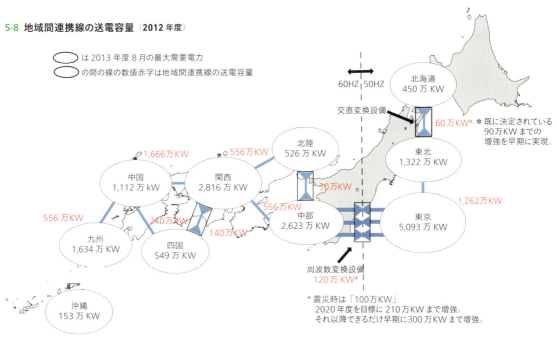

5-9 夏季ピーク時における最大電力比較（2010年、2015年）

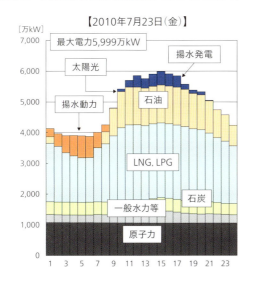

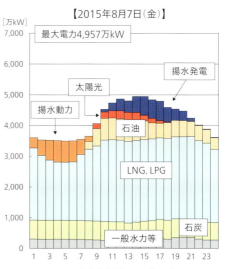

資料：東京電力ホールディングスホームページ

東京ガスのインフラ整備実態

東京ガスでは、安定供給のためのインフラ整備を進めている。図5-10にあるように、現在東京湾に袖ケ浦基地、根岸基地、扇島基地と3か所のLNGの輸入基地がある。これに加えて2016年3月には、茨城県の日立に東京湾岸以外の初の基地が完成した。この基地の完成に合わせて、ガスを運ぶインフラとして埼東幹線、茨城〜栃木幹線、古河〜真岡幹線を整備中であり、現在東京湾を取り囲むように一周しているループとは別の、もう一つの大きなガスパイプラインのループができる予定である。また図中に示されている日立〜鹿島幹線が整備されることで、さらに右側に大きなループが形成され、供給体制が万全なものになる。

栃木県の真岡市には（株）神戸製鋼所が120万kW級の発電所を建設中であり、発電所に高圧でガスを輸送し、発電した電気は東京ガスが買い取るというプロジェクトを進めている。なおガスの中圧・高圧幹線は、地震等に十分に耐えられる仕組みをもつことから、自立分散電源を大都市内に実装可能とする高度都市インフラの要である。

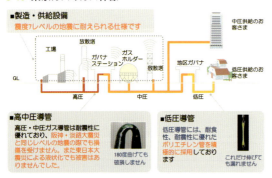

5-10 東京ガスのガス幹線

北関東エリアのインフラ整備
● 日立LNG基地（2016年3月共用開始）
・日立基地の共用開始により、東京湾内の3基地と日立基地が連携することで、供給インフラ全体の安定性が向上します。

● ガスを運ぶ幹線のループ化
・ガス需要の増加に対応した製造・供給インフラを構築するとともに、幹線等のループ化を図ることにより関東圏全域のエネルギーセキュリティ向上に貢献します。
①埼東幹線（2015年10月）　②茨城〜栃木幹線（2016年3月）
③古河〜真岡幹線（2018年3月使用開始予定）
資料：東京ガス

東京湾の石油備蓄と安全・安心問題

首都東京で使われるエネルギーの大部分は、電力・ガスに加えて石油であり、石油の多くは東京湾岸の石油コンビナートに備蓄され、精製されている。神奈川県の京浜臨海地区と根岸臨海地区には2,374基（13,690kℓ）、千葉県の京葉臨海地区には3,192基（20,453kℓ）の石油タンク（危険物）がある。東日本大震災時に、市原市の17基の球形タンクが爆発炎上したことを考えれば、東京直下の災害時安全対策は実に心配である。

特に表5-11に見られるように、石油コンビナートの安全と安心については、石油コンビナート等災害防止法に基づくコンビナート内の安全対策と市町村の地域防災計画がリンクしていないことから、それぞれ別のムラとしての対策に終始している。これは、原子力発電所の安全問題が原子力規制委員会のもとにあり、市町村の地域防災計画の原子力対策編と十分にリンクしていないことと同様である。東京については、放射性プルーム通過時の被ばくを避けるための防護措置実施区域（PPA）の影響下にあるが、防護処理や任意移転地とあるもその対策は皆無。このことは、都心のビジネス街の帰宅困難者対策などが自治体の地域防災計画と十分にマッチングしていないのと同様である。そのため過密な東京都心には、BID（Business Improvement District）に相当する企業等のエリアマネジメントが要望される。

5-11（特定）事業者の安全対策と周辺住民の安心

事業者	事業者の安全対策	周辺住民の安心
原子力発電所 経済産業省 環境省	重要免震棟、津波、地震補強 原子力規制委員会の再稼働条件 （過酷事故対策と住民対策）	地域防災計画（原子力対策編） PAZ（予防的防護措置準備区域。5km圏）、 避難場所（一次、二次） UPZ（緊急防護措置準備区域。30km圏）、 広域避難計画
石油コンビナート 経済産業省 総務省	①地震対策（最大クラス対策） ②液状化対策 ③スロッシング対策 ④津波浸水（地下電源室） ⑤管理者等訓練（平常時） ⑥企業間連絡、初期対応 （住民への正確な情報伝達）	石油コンビナート等災害防止法 イ．情報伝達（事業者） ロ．正確な情報（住民） ハ．避難計画ナシ ニ．九都県市防災・危機管理対策委員会共同研究報告書（2013.5）
都心ビジネス街 総務省 国土交通省	①帰宅難民対策 ②昼夜間人口差 ③企業者間協議会	イ．BIDの必要性 ロ．エリアマネジメント条例 ハ．夜間人口対策が自治体の本務

東京都心の排熱導管ネットワーク構想

東京都は、2014年12月の長期ビジョンにおいて、世界一の都市・東京の実現を目指すべく次の基本目標を掲げた。

基本目標Ⅰ：史上最高のオリンピック・パラリンピックの実現
基本目標Ⅱ：課題を解決し、将来にわたる持続的発展の実現

この目標達成のために、「都市戦略と政策指針」・都市戦略7「豊かな環境や充実したインフラを次世代に引き継ぐ都市の実現」として、政策指針20「スマートエネルギー都市の創造」において「省エネルギー化の取り組み」、「エネルギー面的利用の拡大・CGSの利用として2024年に60万kW導入目標」、「再生可能エネルギーの利用拡大」、「水素の利用拡大」を挙げているが、都心に排熱導管のネットワークなくして省エネルギーとCGS利用の実現は困難である。少なくとも、現存する地域冷暖房施設（DHC）をネットワーク化する排熱導管を図5-12のように敷設することが求められる。

中央区・八重洲・日本橋地区の再開発は、東京2020大会に向けて急速に進んでいることから、この機会に、広域排熱導管の敷設による都心業務継続地区（BCD）を実現させたい。

5-12 東京都心排熱導管ネットワーク構想

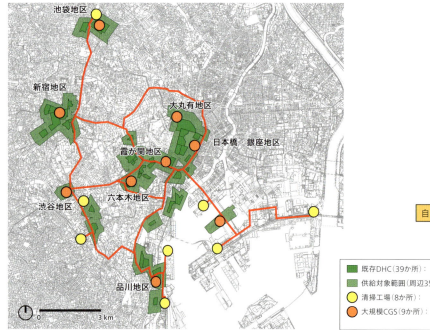

資料：尾島俊雄研究室作成

5-13 日本橋・八重洲・京橋・銀座地区のCGS計画

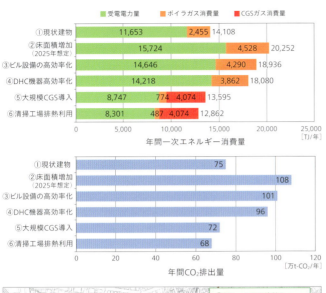

❶現状建物
　地理情報システム（GIS）データをもとに、現状の用途別延床面積を算出。607ha。

❷新ルールでの建替え（2025年想定　床面積増加）
　誘導用途（店舗、宿泊、劇場等の商業用途）を中心に建替えが進むことを想定し、延床面積を現状の1.5倍に設定。その際の地域冷暖房システム（DHC）加入建物は現状の10倍（20ha→200ha）に設定。対象建物の延床面積は約900ha。

❸建築単体対策（ビル設備の高効率化）
　既存ビル50%（延床）が更新し、省エネ性が向上。更新想定のビルについては、熱負荷、電力負荷が15%削減。

❹面的利用（DHC）（DHC機器の高効率化）
　DHCの平均年間総合エネルギー効率（COP）0.907→1.327（2013年度、都内DHCの上位10地区の平均COP）

❺面的利用（DHC）（大規模CGSの導入）
　合計7.8万kW規模を想定。（ピーク電力負荷の20%相当）
　ガスエンジンの総合効率80%（発電45%、蒸気回収19.1%、温水回収15.9%）

❻清掃工場排熱利用
　取り出し排熱量＝1,156TJ/年　うち、使用排熱量1,154TJ/年（99.8%）（蓄熱利用想定）
　（既存の熱利用分を除いた残りの蒸気を使用。対象建物年間熱負荷の24.2%相当）

日本橋・八重洲・銀座地区の現状建物は、新ルールによる建替え等で、延床面積は約1.5倍の900haとなる。それに伴い、一次エネルギー消費量並びにCO_2排出量も大きく増加する。こうした建物や既存のDHCは、今後省エネ化、高効率化が図られるが、一次エネルギー消費量並びにCO_2排出量は、現状に比して30%増である。そのため、当該地区をブロック化し、既存DHCプラント等へCGSを導入し、清掃工場の排熱利用とともにネットワーク化することにより、現状より10%の削減効果となり、実に、将来建物を含めた場合の約40%削減となる。こうしたCGS導入により電源自立し、業務継続街区（BCD）が実現することになる。

建物想定	対象建物延床面積	年間負荷（電力＋熱）
現状建物（2010年）	607 ha	7,591 TJ/年
将来想定建物（2025年）	900 ha	9,816 TJ/年

資料：尾島俊雄研究室作成

コラム5

ヒートアイランド現象緩和と「風の道」づくり

　COP21（パリ協定）のワーキンググループでは、2030年における東京都心のヒートアイランド現象は加速し、熱帯夜は30日から50日までに増加すると予想している。省エネルギーが進み、電力需要も全体的に減速すると思われるが、都心回帰・コンパクトタウン化・地表面の人工地盤化等による太陽からの熱の吸収や人口密度の都心上昇を考えれば、ヒートアイランド現象としての熱帯夜の増大や、都市風によるオキシダント公害の減少は止められない。とすれば自然風以外に都心を冷却する対策がないのが実情で、自然の風の道を阻害しない都市計画が必要となる。国交省都市局のヒートアイランド対策ガイドラインに「風の道」をつくるための資料が提供され、地方自治体が作業できるソフト資料も用意されている。

5-14 都市環境気候図（風の道ガイドライン）

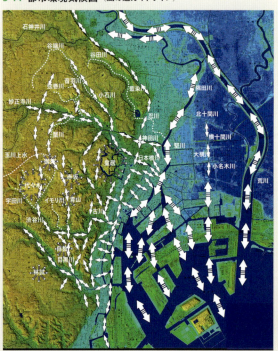

- 一級風の道　…　都道府県を越えた海陸風や川風を活用した風の流れ
- 二級風の道　…　道路や公園のオープンスペースを活用した風の流れ
- 三級風の道　…　緑地からのにじみ出しを活用した風の流れ
- ………………　埋め立てられた川

資料：尾島俊雄編「都市新創造」2017年1月

5-15 ヒートアイランド模式図

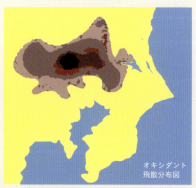

ヒートアイランド模式図

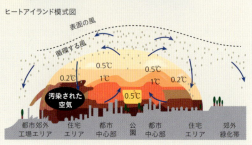

資料：尾島俊雄研究室作成

業務継続地区（BCD）実現に向けて

高まる企業の災害対応意識

　企業行動においても、東日本大震災を機に災害対応の意識が高まり、災害時の事業継続体制を強化する動きが見られる。総務省が実施した企業の業務継続地域計画（BCP：Business Continuity Plan）の策定状況の調査によると、この大震災を契機として、多くの企業がBCPの見直しや策定検討を行っており、BCPに対する企業の関心が高いことがうかがえる。

　BCPを「策定済」もしくは「策定に向けた検討を行っている」と回答している企業は、約4割（41.1%）。そのうち半分以上（21.6%）は、東日本大震災を契機に「見直しを行った」もしくは「策定に向け検討中である」と回答。特に大企業において、業務継続計画に対する意識（64.2%）、震災による意識の変化（37.9%）が大きい（図5-16）。

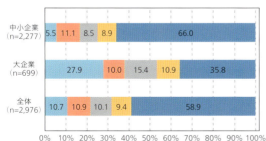

5-16 業務継続計画（BCP）の策定状況（民間）

資料：総務省「平成24年版 情報通信白書」

首都直下地震の被害想定と対策

　首都直下地震発生時には、東日本大震災を上回る帰宅困難者の発生や電力供給不足が、1週間程度継続する可能性があると想定され、帰宅困難者への対応や立地企業の業務継続のため、エネルギーの自立性の向上や多重化を推進する必要がある。

　中央防災会議によれば、被災直後最大1,200万軒（全体の5割）が停電する。その復旧推移として、供給側設備の復旧には1か月程度を要する。

　平日の12時に首都直下地震被害が発生し、公共交通機関が全面停止した場合、東京都市圏において一時的に外出先に滞留する人が約1,700万人、当日中に帰宅が困難となる人が最大800万人と想定される。

　こうした帰宅困難者の発生に並んで、BCDの重要性もクローズアップされてきた。東京で大震災が発生した場合、復興や住まいなど様々なことが問題であるが、一番大きな問題は、都市の機能停止であることが認識されたことが注目される。特に、電力や様々なエネルギーを復旧することの重要性が認識されている。

　なお別の視点であるが、災害への応援部隊への必要な支援も、迅速な災害復旧にとって重要である。特に水や電気は非常に重要で、被災者もそうであるが、入浴ができることは支援者にとっても作業の源泉となる。そういう意味で、

災害時に重要な水やエネルギーをためている「銭湯」の利活用は、東京だけでも約600軒もあることからも注目すべき視点といえる。

災害時業務継続地区の拡充
（2015年度）

都市機能が集積した拠点地区において災害時のエネルギーの安定供給を確保するため、BCDの構築を支援すると共に、都市再生緊急整備協議会を活用して、官民多様な主体・施設を巻き込んで効果を最大限発揮する取り組みに対して支援を強化し、日本の都市の国際競争力を強化する。2015年度の閣議決定は、表5-17のとおりとなる。

これからの都市計画としては「車の道から人の道へ」ということが課題であり、公園と道路の垣根が取り払われつつある。例えば公園と道路を組み合わせた歩行者ネットワークなど、これまでの都市計画とは異なった枠組みであり、その中で、エネルギーの面的融通などを位置付けることを検討しているところである。

5-17 **閣議決定と2015年度　国の安全対策**

閣議決定	2015年度　国の安全対策
3.31 首都直下地震緊急対策推進基本計画	・ライフライン等の耐震化、発災時の速やかな機能回復 ・拠点地区のエネルギー自立化・多重化を支援する。
6.30 「日本再興戦略」改訂	・都市の競争力の向上、国家戦略特区の実現 ・エネルギーの自立化、多重化 ・密集市街地の整備改善等の防災機能の強化
6.30 骨太の方針	・東京等の大都市は国際競争力ある創造拠点として防災性の向上など都市再生等を戦略的に推進する。
8.14 第5次国土利用計画	・市街地において、災害時の業務継続に必要なエネルギーの自立化、多重化及び道路における無電柱化などの対策を進める。
8.14 新たな国土形成計画	・エネルギー消費高密度地区において、エネルギー面的ネットワークを整備することで、業務継続地区（BCD）の構築を推進する。
9.18 第4次社会資本重点計画	・切迫する巨大地震、津波、大噴火に対するリスク低減 ・BCDに必要なエネルギーの自立化、多重化を進める。

5-18 防災性に優れた BCD の構築（イメージ）

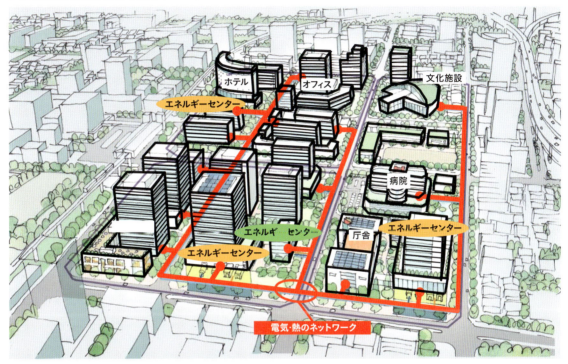

高度な防災拠点の形成
非常時に系統電力の供給が停止した場合でも、自立分散型
電源により各ビルの業務継続に必要な最低限の電気を供給。

資料：国土交通省

CGS導入と新都市共同溝による防災性向上

　高圧・中圧ガス導管は耐震性にすぐれており、阪神・淡路大震災と同じレベルの地震の際でも損傷を受けない。東日本大震災時の液状化でも被害はなく、非常に強度が強い。

　家庭用の低圧導管については、一部に古い導管が残っているが新しいものはすべてポリエチレン管であり、非常に耐震性にすぐれている。

　この点は阪神・淡路大震災や東日本大震災でも立証されたことから、高圧・中圧管の敷設されたエリアに関しては、直下型地震の時にもガスが供給されていると考えられ、非常用発電機のみならずコージェネレーションシステム（CGS）への供給で、安全な電力供給が可能となって、CGSによるBCDが実現される。緊急整備地域のみならず、閣議での決議事項である拠点地区でのエネルギー自立化・多重化を支援することによって、図5-19の如きシステム図を実現した「（仮称）丸の内3-2計画」や「赤坂一丁目地区」、「大手町二丁目常盤橋地区」の事例がつくられた。

　なお、エネルギー供給には導管の設置が必要である。その計画的整備のためには、新都市共同溝の導入が望まれる。図5-20に示す供給管共同溝の事例は多くみられるが、図5-23に示す本格的な新都市共同溝導入は積極的に推進することが重要である。

　都心全域の熱導管網の普及の際にこのような事例を繋げてゆくことが、東京のエネルギーと防災性の向上に資することは確実である。

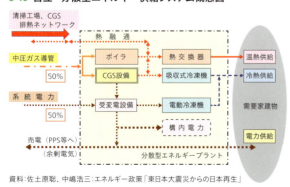

5-19 自立・分散型エネルギー供給システム概念図

資料：佐土原聡、中嶋浩三：エネルギー政策「東日本大震災からの日本再生」

5-20 供給管共同溝事例（つくば、MM21、多摩NT）

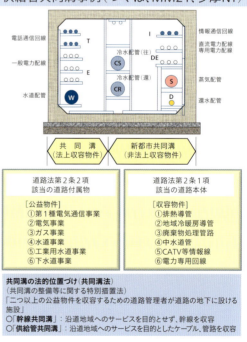

資料：尾島俊雄研究室作成

5-21 （仮称）丸の内3-2計画概要

5-22 赤坂一丁目地区計画概要

資料：国土交通省

5-23 新都市共同溝標準断面図

資料：尾島俊雄研究室作成

熱　周辺建物へ蒸気・冷水をはじめとする熱の供給（地域冷暖房施設）

電力（非常用）　災害時に帰宅困難者受入れスペースへ電力を供給

水（雑用水）　災害による断水時における雑用水の融通（災害時におけるトイレ利用等）

情報　耐震性の高い洞道に守られた情報通信設備網の構築

資料：三菱地所

第5章　低炭素で防災に優れた東京都心のまちづくり

スマートエネルギーシステムの展開と水素社会の実現に向けて

日本のCOP21（パリ協定）対策

　1997年の京都議定書から18年ぶりの2015年12月の第21回気候変動枠組条約締約国会議（COP21パリ協定）で、2020年以降の温暖化対策の実効案が採択された。その内容は以下の如きである。

（イ）COP 3のままであれば3℃ up、40億人が水不足、1.7億人が高潮被害。

（ロ）CDM（排出権取引）を認めるが、ダブルカウントしない。

（ハ）日本は2国間のクレジットで国際貢献したい。地球温暖化対策推進法による技術を活用（石炭火力発電等1/2補助で日本の削減分にカウント。1億t／年を中・米・印へ）。

（ニ）日本のエネルギー基本政策

	2010年	2012年	2030年	備考
石炭火力	25%	27.6%	26%	48基　2,350万kW
原子力	28%	1.7%	20-22%	（安全性?）
再生可能エネルギー	9%	10%	22-24%	ソーラー？　バイオマス

（ホ）化石エネルギーのない日本はなぜ石炭火力を増設するのか？（技術力）

（ヘ）日本の森林は1億m³／年 生産するのに、なぜ自給率28%で、海外から72%ものバイオマスを輸入して、海外の森林を伐採するのか？

（ト）再生可能エネルギー（独50％、米50％）、FIT（固定価格買取り）で5円／kWh up。

（チ）日本は建築物（ゼロ・エネルギー・ビル。ZEB）の推進／炭素税の検討／低炭素化ビジネスの育成

（リ）削減目標は5年ごとに見直す。

（ヌ）先進国に資金の拠出（1,000億ドル／年以上）を義務づける。

（ル）発効要件：最低でも55か国、世界の排出量の55％以上の国が批准。

スマートエネルギーシステムの展開

　「スマートエネルギーネットワーク」という言葉の定義は、「天然ガスのコージェネレーションや再生可能エネルギー等の分散型エネルギーシステムから発生する熱と電気を、エネルギーネットワークと情報通信技術（ICT）を活用して、建物単位や地域で面的に最適利用し、省エネ・省CO_2と業務・生活継続計画（BLCP）等の付加価値向上、系統電力のピークカットを実現する次世代エネルギーシステム」である。

　大規模発電所からの系統電力と地域コージェネレーションを融合して一体的に活用していこうというものであり、その際のキーワードがICTで、情報技術を活用してうまく最適な運用をしていくことでBLCPを実現することができると考えられている。

　このスマートエネルギーネットワークは、既に荒川区の南千住で実証事業を行っている。南千住にある東京ガスの研究施設に、コージェネレーションや太陽熱の集熱器、太陽光発電を導

入し、区道を越えて熱導管をつないで、荒川区の特別養護老人ホームに供給している。

初期のコージェネレーション導入事例としては、六本木ヒルズがある。六本木ヒルズは、特定電気事業という新しい電気の事業類型を適用した最初の事例である。一般の顧客に対して電気を供給する一般電気事業と異なり、限定された地域内のみで、公道を越えて電気を供給することができる。それとあわせて、ガスタービンからの排熱を空調や給湯にも利用するというしくみをとった。

当時の特定電気事業では、100％自前で賄える発電能力を求められたが、数年前の改正により50％を自前で発電し、残りの50％は東京電力からの系統電力によるもので良いこととなったため、今後の東京ガスのプロジェクトでは

5-24 六本木ヒルズエネルギーセンター：特定電気事業、熱供給事業

エネルギーセンターの特徴

電気供給施設の特徴
▶ 高効率な熱電可変型ガスタービン（6,630kW×6基）
▶ 配電線の二重化（点検・事故対応として100％容量を二重化）

熱供給施設の特徴
▶ 発電時の廃熱を利用（必要な熱量のうち約90％が回収蒸気）

エネルギーセンターの環境性

オフィス、住宅、商業施設、ホテル等の複合用途から構成される六本木ヒルズの安定した電気・熱の需要に対し、約60〜70％の高いエネルギー効率を達成。

2011年度、東京都より「優良特定地球温暖化対策事業所（準トップレベル事業所）」として認定。

東日本大震災後は、東京電力に対し余剰電力を融通した。（6時〜20時 4,000kW、20時〜6時 3,000kW）

資料：森ビル

第5章 低炭素で防災に優れた東京都心のまちづくり

50％を基準にしていく予定である。

東日本大震災時には、東京電力の電気が不足し、震災から4月末まで及び7月から9月の夏のピークの2回にわたり、六本木ヒルズ側から東京電力に逆に電気を供給したという実績もある。

さらに近年、外資系企業や金融関係を中心にBCPを非常に重視する会社が多くなっている。そのような企業には、自家発電施設がオフィスの価値として認められている。

最近の事例として、田町駅の東口北地区で進めているプロジェクトの紹介をする。

都市公園、みなとパーク芝浦、愛育病院は既に完成し、「第1スマートエネルギーセンター」からのエネルギーの供給を2014年11月から開始し、コージェネレーションシステムによりエネルギーを24時間365日供給している。

この地区は元々東京ガスの研究所の敷地で、それ以前はガスの製造工場であったため、有効活用ができない土地であったが、土壌改良工事を行い、港区の土地と換地を行った。みなとパーク芝浦は、港区の支所とスポーツセンター等から構成され、温水プールやフィットネスジムが併設されているため、電気と熱のバランスがよい。体育館は有事の際の防災拠点にもなっている。また、防災拠点や病院への電気や冷水・温水の供給は止められないため、このようなBCPの観点などは、地元の行政とともにプロジェクトを進めていくうえで重要である。

駅に近いエリアについて東京ガスは、今後三井不動産や三菱地所とともにオフィスビルやホテル等を建設する予定であり、このエリアにもスマートエネルギーセンターを整備し、第1・第2エネルギーセンターを連携させて、エネルギー供給がより盤石なものにすることを考えている。

実際に導入している設備はガスエンジンを2台と燃料電池であり、コージェネレーションの発電能力は840kW程度で、地域の必要電力の約半分を賄うことができる。再生可能エネルギーと未利用エネルギーの積極的活用も行っている。太陽光だけでなく太陽熱の利用にトライしている点、地下トンネル水の熱利用をしている点が特徴である。全体での省エネ効果は、1990年比で45％の削減を目標としている。

スマートエネルギーシステムにおけるICTの利用として、日立と共同開発したスマートエネルギーネットワーク・エネルギーマネジメントシステム（SENEMS）というシステムを採用している。このシステムにより、外気の状況や温度、空調のエネルギー利用状況、熱源機の運転状況などの様々な条件を把握し、エネルギーセンターからリアルタイムで空調コントロールが可能となる。また、翌日の予想気温などをインプットすることで、自ら学習し自動的に空調の温度等をコントロールすることも可能である。今のところ非常にうまく制御されており、予想通りの稼働となっている。

ただしエネルギーの供給側と需要側とのコミュニケーションがないと、需要側の意思に反して空調のオンオフを勝手に制御してしまったり、電力需要のピークが形成されたりということが起きてしまう。それを防ぐためにスマートエネルギー部会をつくり、供給する側と需要側で、快適感のある温度や湿度などの条件について定期的に話し合いを行っている。例えば病院の新生児室について、一般的な感覚だけでは把握しきれない条件についても話し合うことで、満足のできるエネルギーの供給の実現を目指している。

水素社会の実現に向けて

水素社会の実現の意義としては、当然、高いエネルギー効率と低い環境負荷という点があげられる。特に水素は、使う段階においてCO_2を全く排出しない、究極的に環境に優しい燃料である。そして、水素技術において日本が世界の最先端を走っている。

2014年秋に、トヨタが燃料電池自動車MIRAIを発売し、ようやく世の中に燃料電池自動車が出てきたが、東京都では、オリンピックまでに東京都で50台、民間のバス会社で50台、合計100台程度の燃料電池バスの導入を目指している。

この燃料電池自動車は、電気の供給源としてレジリエンスにも貢献することが可能である。MIRAIのような乗用車1台で、1日分程度の避難所への電気が供給可能であり、燃料電池バスの場合は、1台で5日分程度の電気が供給可能である。

現在東京ガスは、燃料電池自動車向けに水素ステーション建設を進めている。2014年12月に開所した練馬の水素ステーションは、東京都庁から最も近い水素ステーションであり、東京都の公用車も利用していると聞いている。

練馬の水素ステーションは、オフサイト型（ドーター）という、別の場所で製造した水素を持ち込むタイプであるが、2016年2月に営業開始の浦和水素ステーションでは、天然ガスを利用して水素を製造し供給するオンサイト型（マザー）である。

2009年に世界初の家庭用の燃料電池が日本のガス会社から発売され、東京ガスもその一翼を担った。現在は都市ガスから取り出した水素を利用しているが、将来的には純水素を供給することも可能になるだろう。2009年の定価は303万円と非常に高価なものであり、経済産業省から多額の補助金も受けていたが、5年間で半額程度になった。現在は定価で149万円であり、販売台数も順調に伸びて全国では累積で約15万台程度となっている。しかし、価格については更なる低減が必要である。

業務用燃料電池が、これからマーケットに入っていく可能性がある。燃料電池の特徴は発電効率が非常に高いことであり、発電効率50％

超が可能であり、55％程度を目標としている。大規模発電所の平均の発電効率は40％程度であり、業務用燃料電池が普及することで、より発電効率を高められる。

加えてコージェネレーションでの熱利用を組み合わせることが、水素社会の実現の非常に大きなポイントになる。

現在東京ガスの水素は、化石燃料である天然ガスから製造しており、完全なCO_2フリーではない。CO_2フリー水素については、海外で製造し日本に持ち込むのがおそらく最もコストを抑えられる。

問題は持ち込んだ水素を供給する方法であり、水素の配管を街の中に張り巡らし供給することは難しい。そのため、持ち込んだ地域で使用するか、発電所で電気にして供給することになる。この場合、将来的にCO_2フリーの水素も実現すると思うが、それまでの間は天然ガスから水素を供給する方式も併存し、それぞれの役割を果たしていくのではないか。

5-25 水素社会実現を目指す基本スキーム

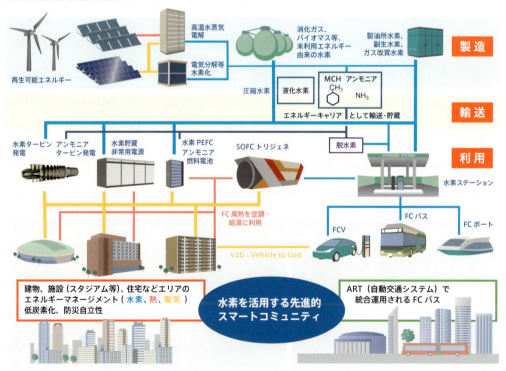

長期的には、図5-25に内閣府が示すような水素を活用する先進的スマートコミュニティの実現を目指す。風力やソーラー、工場の副生ガスや都市ガスからの改質等、多様な方法で製造された水素は、地域配管によって水素発電所や燃料電池、貯蔵所に供給され、そこで電気や熱に変換され、建物群に送られる。水素ステーションでは、水素自動車に直接供給される。

資料：内閣府SIPエネルギーキャリア

第**6**章

エリアマネジメントで実現する成熟時代のまちづくり

本章は、2012年12月発行の報告書「エリアマネジメントで実現する成熟時代のまちづくり──高度防災・環境先進都心を育てる」をもとに編集した。

序
新たな課題解決を担うエリアマネジメントの実践
~高度防災・環境先進都心を育てる~

　ここ10年、大都市都心部における都市再生が議論される中で、従来の開発（ディベロップメント）による都市づくりを中心的に議論することから、開発後のマネジメントにも十分配慮した都市づくり（以下、エリアマネジメントと呼ぶ）の必要性が唱えられ、実践されるようになってきた。代表的な実践例として東京の六本木ヒルズ地区、大手町・丸の内・有楽町地区などが挙げられ、さらに東京以外の大都市都心部の多くでエリアマネジメントの活動を見ることができるようになった。

　ところで、これまでのエリアマネジメントは、地域の課題を解決し、地域が持っている資源を活用して、公民連携でまちの活性化を実現するという内容が中心であった。そのことの重要性は現在も変わらないが、近年のエリアマネジメントでは、より公共性の高いエリアマネジメントが求められている。

　より公共性の高いエリアマネジメント活動としては、地球環境問題と防災・減災問題への対応を進めるエリアマネジメント活動があると考えられてきた。それは従来の地域の課題を解決する次元からステップアップして、環境問題は地球環境をベースとしたエネルギー問題への対応を含んだものであり、防災・減災問題は、日本が大災害の危険をはらんだ国であると世界に認識されている中で、東京、大阪、名古屋などの大都市では、大災害時にも素早くエリアが立ち直り日常活動が再開できる対応を、エリアマネジメント活動として実現するというものである。

　しかし、より公共性の高いエリアマネジメントを進めるための課題は大きい。中でも、そのような活動を継続的に進める組織に関わる制度の確立と、組織を支える財源を確保する仕組みの必要性は高い。これまでのエリアマネジメント活動においても財源問題は大きな課題であったが、ここ10年の活動の中でいくつかの可能性が見えてきたと考えるが、残された課題も大きい。

　また、より公共性の高いエリアマネジメントを別の角度から表現すると、限られた地域のエリアマネジメントを超えて、都市の骨格となる地域全体の広域エリアマネジメントの議論にも行き着くと考える。

　具体的には、東京ですでに議論が始まっている、日本橋地区、大手町・丸の内・有楽町地区、銀座地区が一体となった、あるいは六本木ヒルズ、ミッドタウンなどが一体となり、さらに環状2号線沿道地区なども加わったエリアマネジメント、すなわち広域エリアマネジメントである。これらは、世界の、あるいはアジアの都市間競争に伍するための新たな発信力を持った都心づくりという面も持っている。

　本章は、そのような公共性の高いエリアマネジメントを、大都市都心部で持続可能性の高いものとして進めるための組織のあり方、権限のあり方、さらに組織を支える財源のあり方を議論する必要があると考えてまとめたものである。

横浜国立大学名誉教授 **小林重敬**

エリアマネジメントで実現する成熟時代のまちづくり
―― 本章の構成 ――

東京都心のエリアマネジメント活動動向

- 活動地域と内容
  - ソフトマネジメント
  - エリアメンテナンス
  - エリアサービス
- エリアマネジメントの類型
  - Ⅰ　大規模開発型
  - Ⅱ-1　既成市街地型（ビジョン共有型）
  - Ⅱ-2　既成市街地型（プラットフォーム型）
  - Ⅱ-3　既成市街地型（既存地域価値前提型）

エリアマネジメントの活動事例

- 六本木ヒルズ（Ⅰ 大規模開発型）
  安全・安心な「逃げ込める街」
- 大手町・丸の内・有楽町地区（Ⅱ-1 既成市街地型〈ビジョン共有型〉）
  高度業務機能集積地における「環境共生型まちづくり」
- 日本橋地区（Ⅱ-2 既成市街地型〈プラットフォーム型〉）
  地域資源を「残しながら、蘇らせながら、創っていく」
- 銀座地区（Ⅱ-3 既成市街地型〈既存地域価値前提型〉）
  変化する「銀座らしさ」を地域の目で見出す

- 活動を通じて得られた成果と課題

成果1　地域の課題を解決する（安全・安心）	課題1　活動を支える組織
成果2　地域資源を活かす（地域資源）	課題2　財源の確保
成果3　地域を越えた社会的要請に応える（環境共生）	課題3　人材の確保、育成
	課題4　活動の評価

これからのエリアマネジメントに求められる役割

- より高度な公共性の実現
  - 防災・減災への対応
  - 地球環境・エネルギー分野への対応
  - 新たな役割を担う取り組み
- 活動の広域連携
  - 東京都心における連携の動き

成熟時代のエリアマネジメントの実現に向けて

- 地域の実情に適したエリアマネジメント推進体制
- エリアマネジメント推進体制を支える各要素のあり方
  - 活動を支える組織
  - 活動における権限
  - 活動のための財源
  - 活動内容の評価・改善

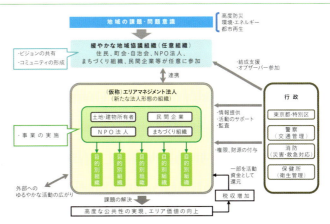

東京都心の エリアマネジメント活動動向

　成熟化の時代を迎え、国際的な都市間競争の直中にある東京都心地域においては、多様な主体が関わり、地域固有の特徴や資源を活かし、魅力と活力に溢れたまちを形成することが喫緊の課題となっている。各地の住民、商業者、開発事業者などが作る社会的組織による地域の価値向上・維持のための活動（＝エリアマネジメント[注1]）は、地域社会の持続可能な発展のために、今後益々重要になると期待される。

　従来から、地域をつなぐ組織として半公共的な役割を果たす「町会・自治会」、商店主を主体として地域の商業振興を図る「商店会・商店街振興組合」、地権者を主体として街の将来像の検討やルール作りなどを行う「まちづくり協議会」等、多様な主体がそれぞれ活動を行ってきた。

　本章では、こうした組織の枠組みを超えて立ち上げられた、地域の一体的な管理運営を目的とした団体[注2]によって、実践的な事業が行われている事例を、エリアマネジメントとして捉えることとする。

注1）エリアマネジメント：地域における良好な環境や地域の価値を維持・向上させるための、住民・事業主・地権者等による主体的な取り組み（出典:『街を育てる ―エリアマネジメント推進マニュアル』国土交通省監修2008年）
注2）法人・任意等の形態は問わない。まちづくり協議会等の組織が開発後も継続的に地域運営の事業を行うものも含む。

活動地域と内容

　東京都心で行われているエリアマネジメントの活動場所や活動内容などを概観する。東京都心では2000年代に入りエリアマネジメント活動が活発化しており、少なくとも70以上の地域組織が、大規模開発地や歴史ある著名な地域など、都心各地で活動を展開している。

　エリアマネジメントの活動内容は、❶ソフトマネジメント、❷エリアメンテナンス、❸エリアサービスの3つに大別することができる。東京都心における活動内容は、ソフトマネジメントを中心に多岐にわたる（まちづくり提案、イベント開催、観光案内、清掃、緑化活動、省エネ活動、防犯パトロール など）。

❶ソフトマネジメント

オープンカフェ（新宿モア4番街）

盆踊り（六本木）

防災訓練（六本木）

❷エリアメンテナンス

清掃活動（秋葉原）

草花の維持管理（日本橋）

❸エリアサービス

カーシェアリング（大崎）

6-1 東京都心のエリアマネジメント組織の活動地域

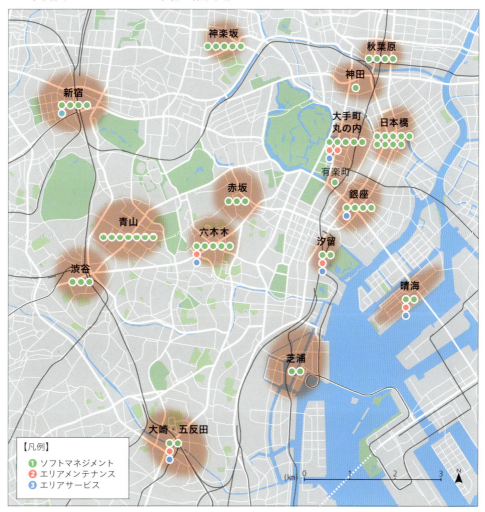

資料：各組織のホームページ、パンフレット等をもとに作成

設立年別組織数（件）

～1979年	3
1980年代	4
1990年代	7
2000年代前半	21
2000年代後半～	19
不詳	21
合計	75

エリアマネジメント活動の内容

❶ ソフトマネジメント：
　地域プロモーション、コミュニティ活動、イベント、都市観光PR等の賑わい演出、シンクタンク機能など

❷ エリアメンテナンス：
　公共施設及び公共空間の管理

❸ エリアサービス：
　無線地域LAN等の情報サービス、コージェネレーション等のインフラ整備を活用した地域限定サービス

エリアマネジメントの類型

エリアマネジメント活動の行われている地域は、概ね4つに分類できる。大きくは「大規模開発型」と「既成市街地型」に分けられ、後者はさらに「ビジョン共有型」、「プラットフォーム型」、「既存地域価値前提型」に区分することができる。これらは必ずしも各々独立したものではなく、折り重なって展開している。

● エリアマネジメントの4類型

Ⅰ：大規模開発型

新規の大規模開発を契機として、開発地区内をマネジメントする新たな組織が形成され、一体的に計画・管理運営されている地域。

▶ **主な事例**
- 東京ミッドタウン（大規模跡地）
- 六本木ヒルズ（小規模敷地を統合した再開発）
- 汐留（土地区画整理事業）

※広域的に捉えた場合、「Ⅰ大規模開発型」は「Ⅱ既成市街地型」の中に組み込まれることもある。

Ⅱ-1：既成市街地型（ビジョン共有型）

既成市街地の中で区域を定めて、包括的な計画・管理運営を行う地域。

地域内に、積極的にエリアマネジメントに取り組む組織や企業等があり、活動を支援・牽引している場合が多い。

地域全域において目指すべきビジョンが共有され、統治する組織が形成されている。

▶ **主な事例**
- 大手町・丸の内・有楽町、大崎・東五反田
- （東京以外）博多地区、天神地区

6-2 エリアマネジメントの類型イメージ

・組織体イメージ

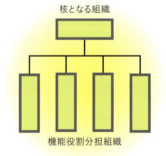

・組織範囲（上段）と
　市街地形態（下段）イメージ

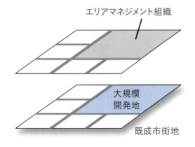

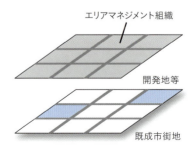

Ⅱ-2：既成市街地型（プラットフォーム型）

既成市街地において、多様な組織が各々の目的を持ち活動している地域。

核となる組織が存在せず、各組織をつなぐ協議会や連絡会等のゆるやかな連携のもと、エリアマネジメントが行われている。

それぞれの組織が対象とする区域は必ずしも一致するものではない。

▶ **主な事例**

- 日本橋、渋谷、六本木
- （東京以外）大阪船場地区

Ⅱ-3：既成市街地型（既存地域価値前提型）

特殊な地域価値を前提として、共通の地域ビジョンのもと立ち上げられた組織が、一体的な計画・管理運営を行う地域。

既存の町会等の発展により、新たなエリアマネジメント組織が形成されるケースもある。

▶ **主な事例**

- 神楽坂、表参道、銀座
- （東京以外）神戸旧居留地地区

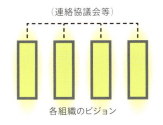

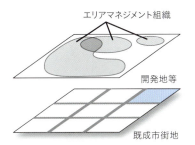

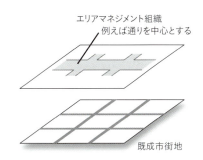

エリアマネジメントの活動事例

　現在行われている各エリアマネジメント活動の内容を大別すると、主に「安全・安心」「地域資源」「環境共生」の3つの活動テーマに整理できる。ここでは、まず各類型毎に1つずつ事例を選び、3つの活動テーマのうちの1つに着目してその活動内容を紹介する（六本木ヒルズは「安全・安心」、大手町・丸の内・有楽町地区は「環境共生」、日本橋地区と銀座地区は「地域資源」）。

六本木ヒルズ
【I　大規模開発型】

● 安全・安心な「逃げ込める街」

　六本木ヒルズは、大規模開発の特性を活かして、災害に強い安全・安心の街づくりに取り組んでいる。開発地域のみならず、周辺地域への貢献も果たすため、ハード、ソフトの両面にわたり、様々な対策を講じている。

特定電気事業施設

　独自のエネルギープラントを設置し、電力・熱源を供給している。ガスによる自家発電の他に二重のバックアップ体制を敷き、非常時に備えている。東日本大震災による電力供給逼迫時には、地域外への電力融通を行った。

備蓄倉庫、災害用井戸など

　地区内2カ所に合計 580 m² の備蓄倉庫を設置し、災害時に必要な備蓄品を多数用意している。地区内2カ所に災害用井戸を設置し、施設並びに近隣への生活用水の供給が可能である。

帰宅困難者への対応

　一時避難場所の提供、避難誘導への協力、備蓄食料・飲料水の提供等の体制を整えている。また、帰宅困難者向けに日英2カ国語に対応した独自の震災時情報システムを構築している。

コミュニティが支える防犯・防災体制

　六本木ヒルズの多様な地元関係者が参加し、毎年定期的に総合防災訓練を実施している。
　周辺地域においても、地元商店会などの有志が参加して「六本木安全安心パトロール隊」「六本木をきれいにする会」の活動が行われ、地域ぐるみの安全・安心に向けた取り組みが活発化している。国際都市の都心において、こうした地域コミュニティが安全・安心を支える要の役割を果たしている。

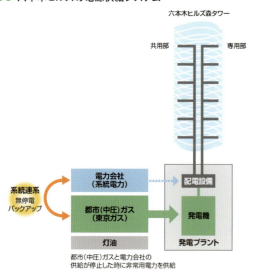

6-3　六本木ヒルズの電源供給システム

備蓄倉庫

六本木のパトロール活動の様子

6-4 基本指標

地区面積	11.6ha
延床面積	約76ha
就業人口	約2万人
居住人口	約2千人
来訪者	年間4,000万人（平日10万人、休日13万人）

6-5 主な活動組織と財源

組織	▶六本木ヒルズ統一管理者（森ビル㈱） ▶六本木ヒルズ自治会
財源	▶街の一体的管理業務の費用 　＝建物所有者が負担 ▶街の一体的運営業務の費用 　＝建物所有者、施設運営体、共用部収入、協賛金などで負担

6-6 主な活動内容

安全・安心	**まちをきれいにする**	▶清掃ボランティア「六本木クリーンアップ」
	災害に備える	▶エネルギープラントとバックアップ体制整備 ▶備蓄倉庫や災害用井戸等整備 ▶帰宅困難者対応 ▶震災訓練
	買物を便利にする	▶朝市「いばらき市」
	コミュニティを醸成する	▶タウン誌「HILLS LIFE」 ▶近隣向けDM「OSANPO」 ▶コミュニティ育成企画「ヒルズブレックファスト」 ▶屋上庭園での田植え・稲刈り・餅つき ▶朝の太極拳
地域資源	**地域の歴史資産を活かす**	▶毛利庭園を活かした環境整備 ▶自治会主催による地域祭事（春まつり、盆踊り）
	芸術文化拠点の特性を活かす	▶「六本木アートナイト」 ▶音楽、アートなどの表現を発信する「TOKYO M.A.P.S」 ▶パブリックアートの設置
	国際的拠点の地域性を活かす	▶「東京国際映画祭」 ▶国際交流イベント（プリマヴェーラ・イタリアーナ、日本におけるドイツ年等）
	オープンスペースを活かす	▶公共施設を含めた一括運営（66広場、けやき坂、さくら坂公園等）
	地域資源を創り出す	▶街のブランディング（シンボル制作、イメージ発信、クリエイターとの協力） ▶地域の核となるイベント育成
環境共生	**まちの緑をふやす**	▶毛利庭園、屋上庭園、花壇、街路樹等の整備 ▶ヒルズガーデニングクラブ活動
	省エネ設備を整備する	▶コージェネレーション ▶地区中水処理施設 ▶雨水利用（雨水貯留槽、雨水浸透施設）

大手町・丸の内・有楽町地区

【II-1 既成市街地型（ビジョン共有型）】

● 高度業務機能集積地における「環境共生型まちづくり」

高度な業務機能が集積する大手町・丸の内・有楽町地区（以下「大丸有地区」）は、戦略的に環境共生ビジネス拠点を形成し、わが国の環境対策を世界に示す絶好のショーケースとなっている。

大丸有環境ビジョン

2007年に発表された「未来へつなぐ まちづくり 大丸有 環境ビジョン」は「1000年先まで、いきいきとしたまちでありたい」という願いが込められている。環境共生型都市モデルのデザインを示すとともに、大丸有地区を再構築していくことを社会に宣言している。

エコッツェリア協会

2007年設立された一般社団法人大丸有環境共生型まちづくり推進協会（エコッツェリア協会）は、「大丸有環境ビジョン」や地区の「まちづくりガイドライン」を行動・支援している。エリア内外の連携や協動、横断的な運営などの事業を行っている。

Suica・PASMOを活用した環境プログラム「エコ結び」

電子マネーシステムを活用し、環境のための基金に貢献している。エリアでのショッピングや食事の際に「Suica」や「PASMO」で支払うと、利用額の1%が自動的にエコ結び募金に貯まる仕組みになっている。基金は植樹などの森林保全活動に活かされている。

6-7 「エコ結び」のしくみ

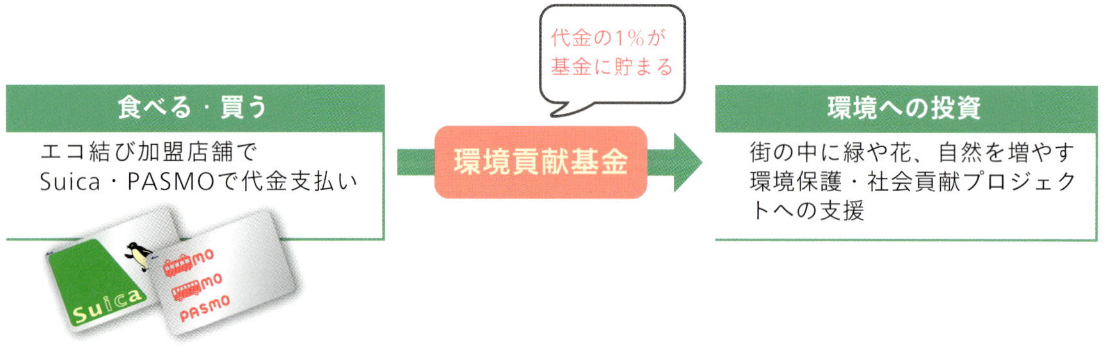

食べる・買う
エコ結び加盟店舗で
Suica・PASMOで代金支払い

→ 代金の1%が基金に貯まる → **環境貢献基金** →

環境への投資
街の中に緑や花、自然を増やす環境保護・社会貢献プロジェクトへの支援

3×3 Lab Future

打ち水プロジェクト

6-8 基本指標

地区面積	約 120ha
延床面積	約 800ha（建設予定含む）
就業人口	約 28 万人
事業所数	約 4,300 社
居住人口	0 人
駅乗車人員	約 139 万人／日

6-9 主な活動組織と財源

組織	・一般社団法人大手町・丸の内・有楽町地区まちづくり協議会 ・NPO法人大丸有エリアマネジメント協会 ・一般社団法人 大丸有環境共生型まちづくり推進協会（エコッツェリア協会）
財源	・会費収入 ・寄付・協賛金 ・事業収入 ・助成金

6-10 主な活動内容

安全・安心	まちをきれいにする	▶街の清掃活動
	災害に備える	▶東京駅周辺防災隣組による取り組み（帰宅困難者対策、リスクマネジメント調査など）
	駐車環境を改善する	▶附置義務駐車場の地域ルール策定 ▶上記に基づく削減負担金を原資とした環境改善への助成
	交通を便利にする	▶無料巡回バス「丸の内シャトル」（約12～15分間隔で運行）
地域資源	地域の歴史資産を活かす	▶三菱一号館美術館
	オープンスペースを活かす	▶しゃれ街条例にもとづく公開空地の積極活用 ▶ヘブンアーティスト in 丸の内（公認大道芸への場所提供）
	地域資源を発信する	▶視察・見学会対応
	地域資源を創り出す	▶「丸の内元気文化プロジェクト」 ▶ベンチアート in 丸の内
環境共生	持続可能なまちづくりのあり方を示す	▶「大丸有環境ビジョン」「大丸有サスティナブルビジョン」
	実現組織を設立する	▶「エコッツェリア協会」（環境共生活動拠点運営、環境対策・CSR業務受託等）
	人と情報の交流・ネットワーク化を促す	▶サスティナブルな社会の実現を目ざして業種業態の垣根を越えた交流・活動拠点「3×3 Lab Future」
	情報発信・啓発活動に取り組む	▶CSRレポート ▶市民大学「丸の内朝大学」 ▶「打ち水プロジェクト」 ▶「エコキッズ探検隊」
	手軽な貢献手段を提供する	▶Suica・PASMOを活用した環境プログラム「エコ結び」
	環境にやさしい技術を採り入れる	▶低公害・低床・低騒音のタービンEVバス車両採用（「丸の内シャトル」） ▶丸の内イルミネーション（消費電力を65％削減するLEDを採用）
	先駆的な取り組みを行う	▶低炭素モデルオフィス実証 ▶地方と連携した生グリーン電力導入（新丸ビル）

日本橋地区
【Ⅱ-2 既成市街地型（プラットフォーム型）】

● 地域資源を「残しながら、蘇らせながら、創っていく」

江戸時代から文化・商業・情報の中心地として発展してきた日本橋地区では、かつての賑わいを失いつつあるという危機感から、まちの再生・活性化に向けた取り組みが行われている。

通り・水辺の再生と地域資源発掘による賑わいづくり

日本橋には室町、兜町、茅場町、人形町、浜町、箱崎町、横山町、馬喰町、大伝馬町、小伝馬町という歴史的背景の異なる街があり、そこに昔からの通りと川が横たわっている。

まちの賑わいを取り戻すためには、こうした通りや水辺を再生し、地域の繋がりと回遊性を確保すること、そして、埋もれてしまう可能性のある歴史文化を発掘して活用することが重要となる。

地域を繋ぐ取り組み

地域が発信した「『日本橋地域における水辺空間を活かしたまちづくり』に向けた提言」は、まず日本橋船着場の完成という形で実を結んだ。東京スカイツリーとの相乗効果もあり、観光客が増加している。

隅田川の沿岸各区が協力して「隅田川流域舟運観光連絡会」も設立され、江戸の食文化を巡る舟運ツアー等、東京の新旧観光スポットを結ぶプロジェクトにつながる連携を行っている。

2004年から運行を開始した無料巡回バス「メトロリンク日本橋」は、地域団体や地元企業の後援・協賛により実現した。八重洲、京橋、日本橋地区を結んで、買い物、観光、ビジネスの足として活躍している。2016年秋には、人形町エリアを結ぶ「メトロリンク日本橋Eライン」を運行開始した。

日本橋船着場

TOKYO KIMONO WEEK 2016

エリアの名所を採り入れた「日本橋かるた」

日本橋の名所を詠み句のテーマにした「日本橋かるた」は、地域の企画で制作された。解説書やかるた MAP を用意し、かるた大会を開催して、地域について楽しく学び交流する機会も設けている。

「日本橋かるた」の大会

6-11 基本指標

地区面積	約 270ha
就業人口	約 33.6 万人
事業所数	約 1.7 万社
居住人口	約 3.6 万人
町会数	68（連合町会 7）

6-12 主な活動組織と財源

組織	▶日本橋地域ルネッサンス 100 年計画委員会 ▶名橋「日本橋」保存会 ▶常盤橋フォーラム ▶日本橋御幸通り街づくり委員会 ▶横山町問屋街活性化委員会
財源	▶会費収入 ▶寄付 ▶助成金

6-13 主な活動内容

安全・安心	**まちをきれいにする** ▶日本橋川清掃活動 ▶中央通りの「クリーンウォーク」（清掃・雑草除去・花がら摘み等） **交通を便利にする** ▶無料巡回バス「メトロリンク日本橋」
地域資源	**地域資源を発掘する** ▶中央通り沿道の百尺ライン（往時の街の姿を描いた「熙代勝覧」複製絵巻展示、ムービー作成、再開発時は軒並みを街並みに活かす） ▶日本橋街文化（神社復興、路地再生、桜の植樹） ▶道再生計画（表通りと路地裏の表情を活かす提言、CG 作成） ▶川再生計画（「『日本橋地域における水辺空間を活かしたまちづくり』に向けた提言」、CG 作成、清掃活動） ▶日本橋かるた（域内の名所を詠み句の題目として札・解説書・かるた MAP を制作、かるた大会開催、まち巡り企画協力） **ファッション拠点の特性を活かす** ▶TOKYO KIMONO WEEK「きもの・和・日本橋」（着付けワークショップ、きものパレード）
環境共生	**まちの緑をふやす** ▶フラワーサポーター制度（中央通り「はな街道」） ▶桜の植樹（江戸桜通り） **啓発活動に取り組む** ▶日本橋橋洗い ▶橋の日打ち水大作戦 ▶「ECO EDO 日本橋」（江戸のライフスタイルを現代に活かす情報発信など）

銀座地区
【Ⅱ-3 既成市街地型（既存地域価値前提型）】

● 変化する「銀座らしさ」を
　地域の目で見出す

　大々的にパレード等を実施した「大銀座祭り」を、時代にふさわしいものへと見直す動きを契機として、「銀座らしさ」に関する議論が深まる中、2001年に「全銀座会」が組織され、地区全体の意思決定を行う場が誕生した。地元町会、「通り会」と言われる商店街組織、各種業態別団体など主な地域組織がこれに参加している。

銀座街づくり会議と銀座デザイン協議会

　2004年に発足した「銀座街づくり会議」は、「全銀座会」に設けられた開発協議の窓口機関である。銀座の街づくりについての議論・提案・情報発信を行っている。
　「銀座デザイン協議会」は、「銀座街づくり会議」のコアメンバー、開発案件の位置する通り会・町会の会員、専門家により構成されている。

　数値基準ではコントロールし難い「銀座らしさ」を守り育てる仕組みで、2006年に区の要綱に基づくまちづくり協議組織として指定を受けた。建物や工作物のデザインなどに関し、区との手続に先行して検討・協議を行っている。

銀座デザインルール

　「銀座デザインルール」は、2008年に「銀座街づくり会議」と「銀座デザイン協議会」が取りまとめた。時代に相応しい「銀座らしさ」を備えた景観・デザインの指針となる考え方を示し、理解を促すためのツールとして活用されている。2011年にはその第2版が発行された。

銀座駐車場ルール

　都の条例に沿って駐車場を設けると、銀座らしい賑わいのある街並みを壊す恐れがある。これを回避するため、独自の定めとして附置義務駐車場の地域ルールが作られた。このルールに則って支払われる隔地駐車場の協力金は、中央区が基金として管理し、銀座の交通環境改善に使われることになっている。

6-14 「銀座らしさ」を守る組織体制

デザイン協議を行ったマツモトキヨシ銀座 5th ビル

オータムギンザ「銀茶会」© 全銀座会

6-15 基本指標

地区面積	約 84 ha
就業人口	約 13.7 万人
事業所数	約 1.1 万社
居住人口	約 3,500 人
町会数	23
通り会数（商店街）	約 235 万人／日（18）

6-16 主な活動組織と財源

組織	▶全銀座会 ▶銀座通連合会 ▶銀座街づくり会議 ▶銀座デザイン協議会
財源	▶会費収入 ▶催事協賛金

6-17 主な活動内容

安全・安心	**まちをきれいにする** ▶銀座通りクリーン作戦（春秋実施の一斉清掃） ▶通り会ごとの清掃活動 **犯罪・事故を防ぐ** ▶「銀座ガイド」（パトロールを雇い毎日見回り） **災害に備える** ▶銀座震災訓練（地元住民、事業所、行政らが協力し毎年 8 月に実施） ▶「銀座コンシェルジュ」（公式ポータルサイト。非常時は被害状況、安否等の情報支援を実施） **駐車環境を改善する** ▶附置義務駐車場の地域ルール策定 **通信を便利にする** ▶「G Free」（銀座通り沿道の無料公衆無線 LAN）
地域資源	**地域らしさを守る体制を築く** ▶全銀座会（地区全体の意思決定を行う場） ▶銀座街づくり会議（開発協議の窓口等を担う。「銀座デザイン協議会」の事務局を担当） **地域らしさを守る独自のルールを設ける** ▶「銀座デザインルール」 **シンボルロードを活かす** ▶「銀座柳まつり」（西銀座通りの植樹を機に開催） ▶ヘブンアーティスト in 銀座（歩行者天国で行う公認大道芸。「銀座柳まつり」のメインイベント） **ショーウィンドウを活かす** ▶「銀座ディスプレイコンテスト」（店舗ディスプレイを毎年審査し表彰、受賞作を展示） **画廊の集積を活かす** ▶「銀座ギャラリーズ」による画廊巡りツアー企画 ▶アート関連イベントの企画・開催（「画廊の夜会」「アフタヌーン・ギャラリーズ」「Xmas アートフェスタ」） **国際ブランドショップの集積を活かす** ▶国際ブランド委員会（銀座通連合会に発足。メンバーは銀座通に大型店を出店する海外ブランド） ▶ジャズフェスティバル（国際ブランド委員会の活動。各ブランドの出身国のアーティストが参加） **国際交流の機会を活かす** ▶「銀座アキュイユ」（シンガポールとの FTA 締結を記念する民間交流事業。イメージ向上に寄与） **伝統文化を地域文化創造に活かす** ▶「銀茶会」（街を野点の会場とした大規模茶会。茶道四流派が一堂に会して実施） **多彩な催事を効果的に発信する** ▶プロムナード銀座（2004 年、銀座アキュイユから名称変更し各種イベントを秋に集中開催） ▶ホリデープロムナード（8 月第 1 日曜日の歩行者天国。街を夏らしく演出する各種イベントを開催）
環境共生	**まちの緑をふやす** ▶銀座みゆき通りフラワーカーペット（花びらで路上に様々な模様を表現。2013 年より「花まつり」に名称変更） **啓発活動に取り組む** ▶「ゆかたで銀ぶら」（"涼"の各種体感イベント） ▶「銀座千人涼風計画」（打ち水大作戦）

活動を通じて得られた成果と課題

東京都心で展開されているエリアマネジメント活動は、数多くの成果を上げてきた。その一方で、活動を進める上での課題も幾つか浮かび上がってきている。

● 成果

東京都心におけるエリアマネジメントの成果は、次の3点に要約できる。

成果1：地域の課題を解決する（安全・安心）

▶ 具体例

- **まちをきれいにする**：清掃ボランティア、雑草除去、花がら摘み
- **災害に備える**：震災訓練、備蓄倉庫、帰宅困難者対応
- **犯罪を防ぐ**：防犯パトロール、安全啓蒙
- **コミュニティを醸成する**：タウン誌発行、ワークショップ、地域の催事
- **買い物を便利にする**：マルシェ開催
- **駐車環境を改善する**：附置義務駐車場の地域ルールづくりと削減負担金を活用した改善
- **交通を便利にする**：無料巡回シャトルバス事業、交通社会実験

成果2：地域資源を活かす（地域資源）

▶ 具体例

- **地域の歴史を活かす**：毛利庭園、越後屋ステーション、中央通りの百尺ライン、日本橋街文化、ウォーキングツアー
- **地域の文化性を活かす**：「六本木アートナイト」、パブリックアート
- **地域の国際性を活かす**：「東京国際映画祭」、国際交流イベント
- **オープンスペースを活かす**：イベント、オープンカフェ、イルミネーション、親水広場
- **地域資源の創出・保護・育成**：街のブランディング、核イベント育成、デザインルールづくり

成果3：地域を超えた社会的要請に応える（環境共生）

▶ 具体例

- **まちの緑をふやす**：ヒルズガーデニングクラブ、中央通り「はな街道」
- **持続可能なまちづくりのあり方を示す**：「大丸有環境ビジョン」
- **人と情報の交流・ネットワーク化を促す**：「丸の内地球環境倶楽部」
- **情報発信・啓発活動に取り組む**：エコライフスタイル提案、打ち水キャンペーン
- **手軽な貢献手段を提供する**：Suica・PASMOを活用した環境プログラム「エコ結び」
- **環境にやさしい技術を採り入れる**：低公害・低床・低騒音の車両採用、LEDイルミネーション
- **先駆的な取り組みを行う**：低炭素モデルオフィス実証、地方と連携した生グリーン電力導入

● 課題

エリアマネジメント活動を進める上での課題は、活動を支える組織、財源、人材、活動の4点が挙げられる。

課題1：活動を支える組織

多数の組織が存在する既成市街地などでは、まず緩やかな協議組織を作り、その後別の法人組織を重ねて作って活動を進める例がある。しかし、既存の組織形態にはふさわしいものがないため、各地域とも悩みながら組織の立ち上

げ・運営を行っている。
- 同じ地域で多数の組織が活動することで、互いの効果を阻害したり非効率を生む可能性がある
- エリアマネジメント組織に対する法制度上の位置付けがない

課題2：財源の確保

充実したエリアマネジメント活動を行うためには、従来の維持管理コストを超えた資金が必要となる。国際都市にふさわしいマネジメント資金を確保することは、切実な課題である。
- 一部の関係者の資金負担に大きく依存している
- 公共事業の受託収益は金額が少なく、活動を維持するには不足
- 広告などのエリアマネジメント収益事業には障害が多い

課題3：人材の確保、育成

エリアマネジメントで活躍する人材は、企業からの人材提供やボランティアに大きく依存している。貴重な人材や培ってきたノウハウ、人脈を失うことが危惧されている。
- 人材の育成、定着が困難（企業の人事異動や個人の事情などで、頻繁に人が入れ替わる）
- 人の入れ替わりに伴い、活動ノウハウや人脈を喪失する懸念がある

課題4：活動の評価

エリアマネジメントにより様々な活動が行われているが、必ずしも目に見える形での評価は実施されていない。活動の貢献度を評価し、活動を改善していく持続的な仕組みの確立が求められる。
- 活動の有効性の数値化（地域価値の上昇、コストの削減効果）
- PDCAサイクルの確立

※PDCA：Plan（計画）→ Do（実行）→ Check（評価）→ Act（改善）

コラム6

エリアマネジメントの財源確保の仕組み〜BIDとTIF

欧米諸都市では、エリアマネジメントの活動財源を確保するため、下記のような仕組みを採用している。東京都心においても、これらを応用するなどして、活動の財政的基盤を整えることが考えられる。

BID

BID（Business Improvement District）とはアメリカの州法の規定に基づく制度で、主に商業・業務地域内において、指定されたエリアから行政の徴税システムを活用して賦課金を徴収し、NPOであるBIDの運営組織がその賦課金を活用して、指定エリア内の様々なマネジメント活動を行うものである。この制度により、地域が主体となって行政が通常行う範囲を超えるサービスを提供している。

資料：国土交通省監修『街を育てる——エリアマネジメント推進マニュアル』2008年

TIF

TIFとはTax Increment Financingの略で、米国で広く利用されている独自の財政策であり、特に衰退した中心市街地における経済再生のための一方策。TIF地区として指定された区域では、財産税課税評価額が一定期間固定され、新たな開発等を通じ生み出される課税評価増加額に伴う税増分は、当該地区における基盤整備の財源や民間事業者への補助金などの開発財源として還元される。またTIF存続中は、当該自治体の税徴収額が増加しないが、将来の税増加額を償還財源として債券を発行し事業を行うことや、基金に税増加額が積み立てられた段階で事業を行う方法等が可能となる。

資料：(一財)地域総合整備財団「まちなか再生ポータルサイト 用語集」

これからのエリアマネジメントに求められる役割

東京都心で活動が広がり継続されてきたエリアマネジメントだが、今後はさらに新たな役割が求められる。

より高度な公共性の実現

東京都心は、日本の、またアジアや世界の代表的都市の中枢として、地球規模の課題解決に取り組む責務を負っている。これからのエリアマネジメントは、地域の課題解決や地域資源を活かした賑わい創出に止まらず、一段高い防災・減災、そして、地球環境・エネルギーに関わる分野を中心的なテーマに据えることが必要となる。

この2つのテーマは、いずれも個別主体の取り組みで対処することが難しい分野である。帰宅困難者対応や自家発電をビル単体で実施することは非常に困難であり、これらはいずれも地域単位で対処すべき課題といえよう。

そしてこの2つのテーマは、非常時の防災・減災、常時の環境・エネルギーというように、個別でなく両者を掛け合わせて実施することで、互いを効果的に補完できる関係にある。

例えば、風の道の形成や、緑等の自然空間を取り入れることが、非常時にその空間を活用できることにつながる。また、エリアで共同して環境・エネルギー分野に取り組むことが、非常時の際の対応で有効に働くことが考えられる。

● 防災・減災への対応

2011年3月に発生した東日本大震災は、従来の様々な価値観を見直す大きな契機となった。これはエリアマネジメントにおいても例外ではなく、かねてより行ってきた地域防災の取り組みは、再考が求められている。

防災・減災におけるエリアマネジメントの役割

▶ **BCP支援**

ハード面：自立型ライフラインとバックアップ体制の整備（電源、通信等）など

ソフト面：関係者の協力体制づくりなど

※BCP:Business Continuity Plan（事業継続計画）

▶ **一時退避・帰宅困難者対応**

被災前：避難経路・避難場所の確保、備蓄品の配置、防災訓練の実施など

被災後：被災直後の避難誘導、物資・情報・滞在場所の提供、特定地区や対象者への配慮（ターミナル周辺、外国人）など

● 地球環境・エネルギー分野への対応

地球環境・エネルギー問題は、個別の主体や敷地単位を超え、エリアで共同して取り組むことで効率化が進む分野であり、エリアマネジメントの果たす役割は非常に大きいといえる。

地球環境・エネルギー分野におけるエリアマネジメントの役割

▶ **エネルギーマネジメント**

供給システムの整備・運営、エネルギーのネットワーク化など

▶ 資源の循環利用

ビルを繋ぐ中水道事業運営、雨水貯留槽の設置、再生資源集約など

▶ 水・緑・風のネットワークづくり

配棟計画にもとづく風の道づくり、緑化協定など

▶ 物流効率化

共同集配システム運営、共同荷捌き場の整備など

▶ 交通環境整備

充電スポット、駐輪・駐車場等の拠点整備、サイクルシェア・カーシェア運営など

▶ 生物多様性への配慮

在来種を活用した緑化推進、野鳥など野生生物の保全・回復活動など

● 新たな役割を担う取り組み

地域全体で安全安心、低炭素化に向け活動開始（新宿副都心地区）

- 2010年、地元の民間企業十数社により「新宿副都心エリア環境改善委員会」発足（国土交通省、環境省、東京都、新宿区がオブザーバーとして参画）
- 2011年、同委員会は約100haのエリア再生に向け「新宿副都心エリア再生ガイドプラン素案」をとりまとめ
- 同プランでは、新たな社会要請（低炭素化、安全安心等）に対応し、ライフスタイル提案とインフラ再生の双方を実現する「環境改善プロジェクト」を提示

「環境改善プロジェクト」の展開例

❶ エネルギー（面的ESCO（Energy Service Company）事業）

▶ 面的な低炭素化の実現

地域冷暖房事業者間の導管接続、需要側ビルと供給側でICT（情報通信技術）を活用したシステムを展開。

6-18 新宿副都心地区のエネルギーネットワーク

❷ 情報通信（面的無線LAN事業）

▶ 常時の交流促進と発災時の通信確保

道路や公園への無線LANサービス、イベントや緊急情報の提供。

❸ 交通（EVカーシェアリング事業）

▶ 交通再編と発災時の電源確保

電気自動車転換による低炭素化、搭載蓄電池の被災時利用。

❹ ホスピタリティ（防災屋台事業）

▶ 常時と発災時を両立する拠点

常時のオープンカフェとしての賑わい、被災時の防災拠点としての活用。

❺ 都市空間の改良と再編成

▶ 都市活動（ソフト）に応じた空間改良。社会的要請に応じた都市空間の再編成

公開空地の改良と利活用、駅（拠点）や道路（軸）再編。

活動の広域連携

　エリアマネジメント活動は、地域に根ざした取り組みでありながら、その地域だけにとどまる活動ではない。例えば防災・減災や環境・エネルギー分野の活動は、広がりを持った活動とすることで、単体では成し得ない課題の解決や相互作用による効果を期待することができる。

　東京都心においても、広域連携の動きが始まりつつある。これからのエリアマネジメントは、個別エリアの閉じた活動ではなく、周辺地域と連携した取り組みとしていく必要がある。そのことによって、東京都心の新しい姿をより明確に世界にメッセージとして伝えることができると考える。

● 東京都心における連携の動き

東京駅周辺地区：
環境に配慮した交通の充実を図る連携

・丸の内シャトルとメトロリンク日本橋は、ともに地元企業・団体の協賛を得て運行する無料巡回バス。東京駅の東西を各々循環運行。

・2009年、大丸有地区、秋葉原、神田などの地域組織らで構成する団体が交通社会実験を実施。既存バスルートの隙間を埋める循環バスを試験運行（丸の内、銀座、八重洲を回遊）。

・上記団体はカーシェアやコミュニティサイクルの社会実験も実施。利用範囲は千代田区内から日本橋、お台場方面などに展開。

六本木地区：
大規模開発後の企業と地元コミュニティの協働

・2000年代中頃から大規模再開発の竣工、新たな美術館の開館が相次ぎ、2008年には地元商店会による「アート＆デザイン」活性化プログラムが始動。

・美術館、商店会、開発企業らが連携し、2009年からオールナイトイベント「六本木アートナイト」を開催。音楽、映像、パフォーマンスを含む多様な作品を街中に展示し、周辺飲食店・ショップも深夜営業を実施。

・アートナイト開催時には、地元町会らによる「六本木をきれいにする会」と、六本木ヒルズ自治会が主催する「六本木クリーンアップ」がタイアップして清掃活動を実施。

　港区の新橋・虎ノ門では、東京の新たなシンボルストリートとなることが期待される環状二号線新橋・虎ノ門地区再開発事業／道路事業（東京都施行）が完成したことにより、臨海部や羽田空港とのアクセスが向上し、道路と一体となったまちづくりによる魅力ある複合市街地の

形成が期待されている。

またこの地域は、特定都市再生緊急整備地域や国際戦略総合特区「アジアヘッドクォーター特区」に指定され、都市の国際競争力強化に向けた取り組みが進められている。そのため都市機能の更新を図るための街区再編といったハードの分野から、地域の賑いや魅力形成のソフトの分野に至るまで幅広い対応が求められており、街が大きく変わろうとしているこの地域において、エリアマネジメントの担うべき役割は重要である。

コラム7
始動した環状二号線新橋・虎ノ門地区沿道のエリアマネジメント

環状二号線関係対象区域図
この地図は東京都縮尺1/2,500地形図（平成27年度版）を使用したものである（MMT利許第27209号）

東北六魂祭パレード　©東京新虎まつり実行委員会

環状二号線新橋・虎ノ門地区は、まず再開発と一体的に幹線道路を整備し、次にその沿道の建物の更新や細分化した敷地の統合を誘導して街並み形成を目指しながら、同時にエリアマネジメント活動も醸成させていこうという都心部の新たな事例として紹介したい。

再開発と道路の一体的整備と上位計画

1946年に都市計画決定された環状二号線は、立体道路制度（1989年創設）や地区計画（1998年）に基づいた再開発と道路の一体的事業として進行し、2014年に、地下は自動車専用道路の本線として、地上は幅員40m（うち最大片側歩道幅員13m）、延長約1.3kmの「新虎通り」として開通した。

またその沿道は、都条例に基づく街並み再生地区の指定（2013年）及びその内容を盛り込んだ地区計画の変更（2015年）により、賑わいと統一感のある街並み形成を目指そうとしている。

エリアマネジメント組織の結成

一方2014年には、その沿道地区を対象に地元の個人及び法人を中心とした「新虎通りエリアマネジメント協議会」が、翌年には、具体的な実行部隊である「一般社団法人新虎通りエリアマネジメント」が結成されて、歩道を中心にオープンカフェや清掃活動等を開始し、車道も活用したイベント（東北六魂祭パレード）も成功する等、本格的なエリアマネジメント活動が始動している。

注目される新虎通りのエリアマネジメント

こうしたエリアマネジメント活動を通じて、新虎通りは、計画予定地内の厳しい建築制限や、開通後にもたらされる大気汚染・騒音等の環境問題、広幅員道路によって分断される町会コミュニティの衰退等々地元が嫌忌した自動車中心のインフラとしてではなく、新たな価値を備えたまちの軸として、周囲の拠点をつなぐ機能を果たす存在になることが期待される。

成熟時代のエリアマネジメントの実現に向けて

地域の実情に適ったエリアマネジメント推進体制

　新たな法人形態である「エリアマネジメント法人」が実行主体となったエリアマネジメント推進体制を提案する（図6-19）。

　エリアマネジメント法人は、地域に対する問題意識や、将来像などを協議・共有する任意の穏やかな地域協議組織と連携し、関係行政機関から様々な支援を得ながら、防災・減災や環境・エネルギー問題等に対する取り組みを行う。

　実際の事業活動は、エリアマネジメント法人の中に設置される目的別組織が担う。目的別組織は、活動分野やエリアを限定して複数設置される。エリアマネジメント法人のメンバーが、活動内容に応じてその構成員となる。

エリアマネジメント推進体制を支える各要素のあり方

● 活動を支える組織

エリアマネジメントにふさわしい新たな法人形態の創設が必要

　今後期待されるエリアマネジメント活動がより高次の公共を担う場合、エリアマネジメント組織が従来の法人形態の枠組みに益々収まらなくなることは明白である。

　「新たな公」を担う存在として社会的に認知され、権限や財源の受け皿となって活動を展開するためには、エリアマネジメントにふさわしい新たな法人形態（エリアマネジメント法人）の創設は不可欠となる。

6-19　エリアマネジメント推進体制のイメージ

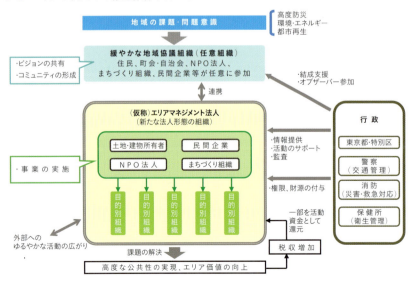

注）場合により、こうしたエリアマネジメント体制は第4層目の地方公共団体に移行することが考えられる。日本は現在、国、都道府県、市区町村の3層制を採用しているが、市区町村よりも狭い範囲の自治を担う新たな基礎自治体として、この第4層目の組織は機能することになる。

エリアマネジメント法人の構成員

エリアマネジメント法人は、土地・建物所有者、民間企業、まちづくりなどの分野で活動するNPO法人、その他のまちづくり組織らにより構成される。

エリアマネジメント活動による成果は、関係者全員が受け取るものである。従ってフリーライダーを防ぐ意味からも、エリアマネジメント法人には、いずれは利害関係者全員が参加することが望ましいといえる。例えば土地区画整理事業や市街地再開発事業が行われる場合、その組合は、利害関係者全員が参加する地域組織として、エリアマネジメントの母体となることが期待できる。ただし、今後大規模な開発事業が相対的に少なくなっていく中で、エリアマネジメントの母体をどこに求めるかは検討が必要となる。新しい制度枠組みの「特区」、あるいは従来からの制度枠組みの「地区計画」などもその一つとして考えられる。

緩やかな地域協議組織の構成員と役割

任意に結成される緩やかな地域協議組織には、住民に限らず地域に関わるあらゆる主体が自由意志で参加することを原則とする。ここで共有された内容は、地域の総意としてエリアマネジメント法人が活動を進める際の拠り所となる。この組織によって、地域のこれからのあり方を考え示す「ゆるやかなガイドライン」等が作成されることを期待する。

行政の役割

行政は、緩やかな地域協議組織の協議にオブザーバーとして参加する。場合によっては、こうした組織を設けるための支援を行政が行うことも必要である。

また、実際の活動に従事するエリアマネジメント法人に対しては、行政は情報提供など様々な支援を実施することが必要である。

エリアマネジメントの必要性は今後益々高まること、また、関係する行政機関は多岐にわたることから、行政には窓口となる専任機関を設けることが求められる。

● 活動における権限

エリアマネジメント法人に付与すべき権限

高い公共性を有する防災・減災、環境・エネルギー分野に関する取り組みを実践するため、必要な権限をエリアマネジメント法人に付与すべきである。例えば、災害時にはエリアマネジメント法人の運営するコミュニティ放送やエリア放送などで、公共放送を流せるようにする、あるいは、公共の防災備蓄品を現場の裁量で配布できるようにして、必要な時に必要な人に物資が渡るようにする等が考えられる。

また、エリアマネジメント法人による公開空地と公共スペース（公園、道路等）の一体的管理・運営は、防災や環境に関する取り組みの幅を広げるとともに、財源獲得に資するオープンスペース活用事業の魅力を増すことにも貢献する。

● 活動のための財源

国際的な都市間競争に打ち勝つ高水準のマネジメントを行うには、従来のまちの管理・運営費用よりも余分に財源を確保する必要がある。欧米などでは、エリアマネジメントに一定の財政的基盤を与える仕組みが存在するため、持続性のある事業活動が定着しており、エリアマネジメント事業を専門に扱う会社なども存在する。一方東京都心では、一部関係者の過大な負担でこの費用を購っており、いまだ持続可能な仕組みとはいえない。

多様な財源を確保することがエリアマネジメント活動、組織の持続可能性を高めると考えられる。このため、下記に必要な財源を得るための方法を列挙する。

地価上昇による固定資産税増収分から配分 (TIF)

都心の各区が地域価値向上に今一歩積極的でない理由として、地価上昇による固定資産税の税収増が、地元区に直接還元されないという制度上の問題点が挙げられる。増収分を該当区が活用できる仕組みに変えて、その一部をエリアマネジメントに投入すべきである。

都市計画税を充当

都市計画税は、都市整備などの費用に充てるため徴収する目的税であり、市町村税だが、固定資産税と同様に特別区では都税として集められている。これを、本来の趣旨に適う環境改善、安全維持等の費用としてエリアマネジメントに充当すべきである。

地域限定の賦課金を徴収 (BID)

域内の不動産所有者らから負担金を徴収し、エリアマネジメントの活動財源とするのも一案である。徴収には行政の徴税システムを活用し、並行して固定資産税等の税率低減措置を実施して、過度な負担を調整する。

民間オープンスペース、公共スペースを活用した収益事業

公開空地等の民間オープンスペースや、街路等の公共スペースを活用した事業により得た収益をエリアマネジメント活動に充てる。これは従来から採用されている財源確保方法だが、公開空地の活用にあたっても関係機関の規制が様々にあり、その緩和が求められる（例：オープンカフェ、エリアマネジメント広告事業）。

官民のオープンスペースを一体的に活用した収益事業

上記事業において、スペースを十分に活かし切れない場合の一因として、公共スペース（道路、公園等）の問題が挙げられる。道路や公園などに求められる役割は年々変化しており、これを見直さず放置することは、公共の財産を無駄にするばかりか、地域価値の低下を引き起こす原因にもなる。

身近な公共スペースに内在する価値は、その地域の価値向上に活かすべきである。そのあり方を再検討すると、エリアマネジメント活動に資する財源が見出せる可能性がある。

例えば、公共スペースと民間のオープンスペースを一体的に大規模に活用してより魅力的な収益事業を実施すると、エリアマネジメントの活動財源をより多く獲得することができる。特に、エリアマネジメント広告事業等は街路等の公共スペースを利用するので、その規則緩和が求められる。

役割を終えた公共空間を処分しエリアマネジメントに活かす

都心には細分化された街区が多数存在するが、これを集約して大街区化する際、廃道処分による収入の一部を、地域の財源としてエリアマネジメント活動に充当することが考えられる。

関係者が取り組みやすい貢献手段を用意し資金を獲得

この他、エリアマネジメント組織が実際に手掛けている特徴ある事業として、Suica・PASMOを活用した環境プログラム事業（大丸有地区の「エコ結び」）、モニター会員の協力の下実施するリサーチビジネス（大丸有地区の「リサーチドットコム」）、自動販売機を活用した協賛・寄付事業などが挙げられる。

● 活動内容の評価・改善

新たな公を担うエリアマネジメント法人に必要な権限・財源を付与するに当たり、その活動を評価することは基本的事項として欠かせない。エリアマネジメントが公共性の実現に貢献している事実を、広く社会に示すことが重要である。

活動の有効性の数値化

活動の有効性の指標とするため、地域価値の上昇とコスト削減効果を可能な限り数値化する必要がある。

数値化できないものについては、アンケート等によりエリアの人々に意見を求める等の工夫が必要である。

PDCAサイクルの確立

エリアマネジメント法人は、活動目的や目標達成のスケジュールをあらかじめ明示する必要がある。これは硬直的なものではなく、時代の要請に応じて変更すべきである。

行政は、活動の有効性や活動目的の達成度を定期的にチェックし、財源の使途なども定期的に監査する。エリアマネジメント法人は、評価結果を活かして活動を継続的に改善する持続的評価・改善システムを組み込んで運営することが求められる。

第 **7** 章

大学を活かした
東京都心のまちづくり

本章は、2008年11月発行の報告書「都心のあたらしい街づくりの提案——世界に比類のない国際大学都市の形成」をもとに編集した。

序
世界に比類のない国際大学都市の形成

　成熟化、国際化した今日の社会において、大学は今、戦前の大学形成期、戦後の新制大学形成期に続く第3の変革期とも言える時期を迎えている。他方東京の都心も、新たな時代に対応してその再編・再整備が必要とされている。本提案は、大学の再編、キャンパスの再整備を行うことを通じて、東京の機能の高度化・活性化、空間の再編・再整備に弾みをつけようというものである。

　東京の都心8区（千代田、中央、港、新宿、文京、目黒、渋谷、豊島）には、56大学、70のキャンパスがあり、その総敷地面積は320haになる。ここで35万人の学生・院生が学んでおり、5万人の教職員が働いている。東京の都心には、大学のほか専修学校、各種学校が300校近くあり、12万人が学んでいる。まさに、世界に比類のない大学の集積を形成している。

　大学が量的に集積しているにもかかわらず、大学相互の連携が進んでいない、東京都心の特徴である産官の集積を活かしきれていない、都心大学の質的な水準、特に国際的な評価が低いなどの課題がある。

　空間的にも大学のキャンパスが塀等により街に対して閉ざされているものが多い、周辺地域（周辺商店街や周辺事業所・住民）との連携が充分に図られていない、大学発ベンチャー等を通じての地域への滲み出しが進んでいない、学生・留学生の生活費、特に家賃が高く、都心での生活が難しいなどの課題がある。

　本提案は、第3の変革期の中で新しい展開を求められ、立地的には再度東京都心への集中傾向を見せている大学機能とその集積を有効に活用し、世界に比類のない高度な「知」のネットワークの形成、世界に比類のない創造的環境の創生、大学のキャンパスを活用した水と緑のネットワークの形成を通じ、世界に比類のない国際大学都市、創造性に富んだ国際的に魅力のある世界都市を形成しようとするものである。

　この提案を具体化するために、大学が集積している都心8区の中から❶早稲田地区、❷三田地区、❸神田駿河台地区、❹飯田橋四谷地区を抽出し、大学を活かした都心の街づくりのモデル・スタディを大胆に行ってみた。

　これら4地区の提案が、関係する大学等、行政を含む関係する街づくり主体等の議論のきっかけとなり、街づくりが大きく進展することになれば、望外な幸せである。

早稲田大学特命教授　伊藤　滋
明治大学教授　市川宏雄

大学を活かした東京都心のまちづくり
―― 本章の構成 ――

日本における大学の現状

- 東京の大学の現状
    - 東京都心への大学の集中
    - 東京都心の公・私立大学のキャンパスは狭い
    - 海外からの留学生数が主要国と比較して少ない

- 諸外国の大都市の大学集積エリアとの比較

世界に比類のない国際大学都市の提案

- これからの東京都心の大学に求められるもの
    - 国際的な研究・交流拠点
    - 政策研究の中心地
    - 社会人教育、リカレント教育の場
    - 東京の文化・情報を担う「知」の拠点
    - 産学連携の都市型クラスター

- 国際大学都市のコンセプト
    - 世界に比類のない創造的環境の創生
    - 世界に比類のない高度な「知」のネットワークの形成
    - 大学のキャンパスを活用した水と緑のネットワークの形成

- 国際大学都市形成の4つの戦略
    (1) 都心にある多様な大学等を活かした「知」の拠点づくり
    (2) 国際化に対応した大学都市の形成
    (3) 街に開かれたキャンパスの充実と周辺地域を取り込んだ大学地区の再編再整備
    (4) ネットワーク化による大学都市の充実

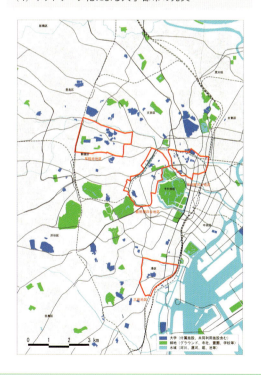

大学を活かした都心のまちづくり

早稲田地区
早稲田の森と街なか交流キャンパス

三田地区
水と緑の三田の丘キャンパス

神田駿河台地区
歴史と文化のストリートキャンパス
―東京カルチェ・ラタン―

飯田橋四谷地区
産官学をつなぐ外堀キャンパスリンク

世界に比類のない国際大学都市の形成に向けて

- 「大学再開発特区」の設定（国への働きかけ）
- 地域整備の中に大学を適正に位置づける（地域への働きかけ）
- 地域に開かれたキャンパスの充実（大学への働きかけ）

日本における大学の現状

東京の大学の現状

東京は、都心部に数多くの大学、高等教育機関が立地する世界でも類を見ない大学都市ということができる。これらの大学は、歴史的に「知の集積」「知の拠点」を形成してきた。現在56大学、70のキャンパスに35万人もの学部生・大学院生が学んでおり、さらに近年の大学の都心回帰に伴いその数は増加傾向にある。

一方、データからの課題も見える。東京の大学、特に私立大学のキャンパスは全体的に狭く、単独では拡張・高度化を図る余地が限られ、豊かな教育環境の創出が難しい状況である。また、日本の留学生受け入れ状況は低い水準にあり、国際的な連携、留学生や研究者の交流促進が求められている。

都市・大学ともに変革期を迎えた今、東京におけるこれら「知の集積」を見直し、新たな大学都市像を考える必要がある。

● 東京都心への大学の集中

首都圏（茨城、栃木、群馬、埼玉、千葉、東京、神奈川、山梨）には全国の44.6%（以下対全国比）、東京圏（埼玉、千葉、東京、神奈川）には40.8%、東京23区には18.2%、都心8区には12.2%の学部・大学院の学生が集中しており、この東京都心への大学の集中傾向は、近年徐々に高まっている。

全国の学生・大学院生数は、人口及び18歳人口の減少を反映し、2010年をピークに減少傾向にある。その中で全国における首都圏の比率は、2000年以降じわじわと上昇しており、首都圏における東京23区の比率は、2000年以降上昇傾向にある（図7-1）。

● 東京都心の公・私立大学のキャンパスは狭い

東京都心8区の公・私立大学の敷地面積は、学校一校当たりにすると全国平均の26.7%、学生一人当たりにすると13.2%ときわめて狭い状況になっている（図7-2）。

7-1 大学生数（大学＋大学院）の地域別の推移
資料：「学校基本調査」1975年度～2015年度

7-2 都心の大学の敷地面積（学校土地）

	国立大学		公・私立大学	
	学校一校当たり	学生一人当たり	学校一校当たり	学生一人当たり
全国	53.9ha	76.0㎡	13.5ha	41.6㎡
都心8区	28.0ha	33.9㎡	3.6ha	5.5㎡
都心8区／全国	51.9%	44.6%	26.7%	13.2%

注：大学の敷地面積は、用途別学校土地面積の内、校舎・講堂・体育施設敷地、屋外運動場敷地、附属病院敷地、附置研究所敷地の合計（附属研究施設敷地を除く）。
資料：全国の数値は2015年度学校基本調査、都心8区の数値は図上計測・各大学HP

● **海外からの留学生数が主要国と比較して少ない**

ユネスコの資料によれば、日本の海外からの留学生受け入れ数は13.6万人（2013年）、全学生に占める割合は3.5%と、世界の主要受け入れ国に比べ数的にも全学生に占める割合でも見劣りしている（図7-3）。

7-3 主要受け入れ国における外国人留学生数（2013年）

資料：UIS Statistics – UNESCO, Net flow of internationally mobile students, Inbound mobility rate

諸外国の大都市の大学集積エリアとの比較

諸外国の大都市における大学集積エリアと比較すると、東京の都心8区は、北京市の海淀区中関村に匹敵するほどの大学・大学院生が集積している（2008年調査時）。

但し、大学の質的水準をTHE大学ランキング順位により見てみると、2008年時点でもボストン、ロンドン、ニューヨーク等に見劣りしていたが、2016年にはそれらの都市との差がさらに広がり、北京市には追いつかれるような状況になっている。この大学ランキングの低下は、主として教員の英文による論文の発表の少なさによる論文引用数の少なさ、外国人教員比率、外国人学生比率の低さ等の国際性の遅れに起因しているものと思われる（図7-4）。

7-4 世界の大都市における大学の集積比較

	ニューヨーク	ボストン	ロンドン	パリ	北京	東京
都市圏	ニューヨーク大都市圏	ボストン大都市圏	グレーター・ロンドン	パリ都市圏	北京市	東京圏
面積	26,329km²	16,706km²	1,579km²	14,518km²	16,801km²	13,368km²
人口	18,718千人	5,855千人	8,505千人	11,840千人	17,430千人	35,197千人
人口集中度	6.3%	2.2%	14.1%	19.5%	1.3%	27.5%
大学集積エリア	マンハッタンとその周辺	ボストン周辺地域	市内中心部	市内中心部	海淀区中関村	都心8区
面積	約200km²	約110km²	約110km²	約110km²	約110km²	約110km²
大学数	25（31キャンパス）	23	50	12（34キャンパス）	約30	52（67キャンパス）
学生数	約22万人	約15万人	約25万人	約31万人（延べ人数）	約30万人	約29万人
国際的に有名な大学（TIMES大学ランキング順位）2016	コロンビア大学（15位）／ニューヨーク大学（30位）	ハーバード大学（6位）／マサチューセッツ工科大学（5位）	インペリアル・カレッジ・ロンドン（8位）／UCL（14位）／KCL（27位）／LSE（23位）	エコール・ノルマル・シュペリウール（54位）	北京大学（42位）／清華大学（47位）	東京大学（43位）／東京工業大学（201-250位）／早稲田大学／慶應義塾大学

※都市圏の面積、人口、人口集中度、大学集積エリアの面積、大学数、学生数は、2008年調査時の数字
※大学の順位は、英国「タイムズ」誌の別冊THES（The Times Higher Education）『世界大学ランキング2016』から
このランキングは、世界の大学を、研究力（研究者の評価40%、教員一人当たり論文引用数20%）、就職力（雇用者側の評価10%）、国際性（外国人教員比率5%、外国人学生比率5%）、教育力（教員数と学生数の比率20%）で評価したもの。

世界に比類のない国際大学都市の提案

これからの東京都心の大学に求められるもの

大学とそれを取り巻く社会環境の大きな変化の中で、これからの大学は、以下の5つのきわめて重要な役割を担うものとなってくる。

(1) 国際的な研究・交流拠点
(2) 政策研究の中心地
(3) 社会人教育、リカレント教育の場
(4) 東京の文化・情報を担う「知」の拠点
(5) 産学連携の都市型クラスター

国際大学都市のコンセプト

第3の変革期の中で新しい展開を求められ、立地的には再度東京都心への集中傾向を見せている大学機能とその集積を有効に活用し、世界に比類のない高度な「知」のネットワークの形成、世界に比類のない創造的環境の創生、大学のキャンパスを活用した水と緑のネットワークの形成を通じ、世界に比類のない国際大学都市、創造性に富んだ国際的に魅力のある世界都市を形成する。

国際大学都市形成の4つの戦略

世界に比類のない国際大学都市形成の提案は、知的集積、技術集約、情報集積等に秀でた東京都心部を機能的に再編成することと、大学の敷地や隣接した敷地を有効に活用して建物の高層化、再配置を図り、キャンパスの整備と豊かな都市空間の整備を両立させることである。

世界の若人等が集い学ぶ大学都市で、独創的な芸術・文化、先端的な科学・技術等が生み出される素地が形成される。そのような素地を育むような創造的な環境を創生する。大学の教員を核にして、若年の学生や社会人の学生、熟年の学生、それに留学生等多様な人々が大学に集い学ぶ中で、新しいエネルギーが生まれ、創造的な環境が創生される。

都心大学の5つの役割、「国際的な研究・交流拠点」、「政策研究の中心地」、「社会人教育、リカレント教育の場」、「東京の文化・情報を担う『知』の拠点」、「産学連携の都市型クラスター」をそれぞれの大学が分担して、特色のある拠点を形成する。それらの高度で、特色のある「知」の拠点をネットワークして、世界に比類のない大学都市を形成する。

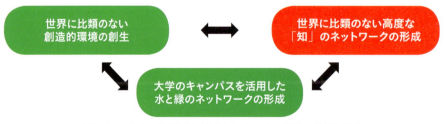

大学のキャンパスは、東京都心の水と緑のネットワークの重要な一環を形成すると共に、重要な防災拠点ともなりうるものである。また、大学のキャンパスは、東京都心の歴史的文化的資源であり、現在も活動する生きた情報文化拠点である。これらの特性を活かし、世界に比類のない国際大学都市、創造性に富んだ国際的に魅力のある世界都市を形成する。

世界に比類のない国際大学都市のコンセプト

国際大学都市形成の4つの戦略

(1) 都心にある多様な大学等を活かした「知」の拠点づくり

大学間連携の強化
- 総合大学、理工系の単科大学、医科系の大学、芸術系の単科大学、女子大学、文化系の大学、法科・会計関連の単科大学、政策研究を行う大学等、都心にある多様な大学を活かす。
- 増加している大学院サテライトや専修学校・各種学校も有効に活用する。
- 教育、研究両面での大学間の連携を強化する（単位互換等や共同研究）。

産官学連携の強化・都心立地の活用
- 「知」の拠点としての充実を図るため、東京都心に集積している中枢管理機能や産業・企業との連携を強化する（産官学連携の強化）。
- それぞれの大学の性格に応じて都心に立地していることのメリットを最大限に引き出す。（→（3）街と一体となったキャンパスの構築）
- 都心に立地する必然性が高くない大学機能の一部は都心の外に誘導する。（→選択的な再編による高密度な「知」の拠点形成）

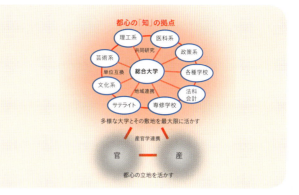

(2) 国際化に対応した大学都市の形成

海外からの大学一研究者・留学生等の受け入れに適した都市基盤の整備
- 急増する世界、特に東アジアからの留学生について、東京都心及び郊外、あるいは地方圏との間で適切な役割分担を図りつつ、最も先端的な情報が集中している東京都心の特色を活かした受け入れを行う。
- 海外の大学が共同して進出できるようなビルあるいはエリアを形成する。
- 留学生がリーズナブルな価格で居住できる場を大学に近接した地域に整備し、ゆとりある大学生活が楽しめるようにする。
- 世界からの留学生や研究者が魅力を感じるようなインフラを整備する。

大学のグローバル化
- 大学活動の国際化に対応し、海外の大学との単位互換、移籍・転学の容易化、海外にも通用する教育の質保証等を積極的に行う。
- 英語での教育体制・カリキュラムを整備する。

(3) 街に開かれたキャンパスの充実と周辺地域を取り込んだ大学地区の再編再整備

街と一体となったキャンパスの構築
- 大学の敷地や隣接した敷地を有効に活用し、3次元の空間を縦横に活用した立体的な整備（建物の高層化、地下利用）、再配置を図り、街に開かれた大学キャンパスを充実する。
- キャンパスと街を区分している塀を取り払い、街に開かれたキャンパスを形成するとともに、大学施設と一般の商業・業務施設等が同一ビル内に共存できるような複合ビルの形成を促進する。
- 周辺の国公有地等を有効に活用し、大学施設の機能強化・拡充を図る。
- キャンパスを街のひとつと位置づけ、大学が積極的に街づくりや地域マネジメントの中心を担う。

再編再整備による都市機能の充実、自然ネットワークの再生・形成
- 周辺の緑と連携し、河川や運河の水辺の空間を生かしながら整備し、水と緑のネットワークを形成する。
- 学生や教職員（若手の先生や大学機能をサポートする人々）の居住の場（下宿、ワンルームマンション、コンドミニアム等）を一体的に整備する。
- 大学周辺の商店街等において、特色ある店舗や新産業・ベンチャー企業の導入、まちのにぎわいを創出する。
- 東京都心にある高度な医療を担う大学病院と一体となったホテル、長期滞在型宿泊施設等を整備する。

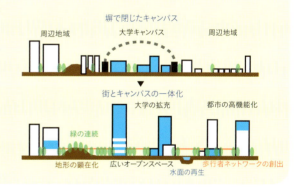

(4) ネットワーク化による大学都市の充実

多様な大学の結びつきによる新たな大学都市の形成
- 他大学との連携による大学都市の充実を図る。
  （例）早稲田大学と慶應義塾大学の理工学部を結ぶ副都心線の中心に位置する渋谷に理工の総合センターをつくり、大学連携の拠点とする。
- 路面電車による都心大学の連携を図る。（例）早稲田～市ヶ谷～三田
- 地方の大学の東京都心にある連携拠点を強化する。
  （キャンパス・イノベーションセンター東京（田町駅東口）、サピアタワー（東京駅八重洲北口）、秋葉原ダイビル（秋葉原駅前））
- キャンパスを有する大学とサイバー大学のようなインターネット上の大学をミックスした新しい大学都市を構想する。
- 国際的な大学間のネットワークを強化し、留学生や研究者が日常的に交流できるような国際大学都市を形成する。

産官学ネットワークの形成
- 学術研究機関、企業の研究所等を含めた「知」のネットワークを形成する。
- 国会、官庁、企業の本社等と大学とのネットワークを形成し、産官学が一体となった東京の魅力を最大限に活かす。

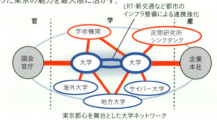

大学を活かした都心のまちづくり

　以下では、大学が集積している都心8区の中から4つのエリアに焦点を当てて、大学を活かした都心のまちづくりのモデル・スタディを行い、早稲田地区を伊藤・市川が、三田地区を黒川和美が、神田駿河台地区を浅見泰司が、飯田橋四谷地区を岸井隆幸が中心となってとりまとめた。

　都心8区には、約658haの公園等（公園緑地、運動場、墓地等）と約341haの水面・河川・水路、約320haの大学等高等教育機関関連施設の敷地があり、これらを有効に活用して、水と緑のネットワークを形成する。それはまた、「風の道」として都市環境の改善にも寄与する。

早稲田大学大隈記念講堂

慶應義塾大学校舎

7-5 都心8区の土地利用状況

合計	道路等	公園等	水面・河川・水路	宅地	その他
11,525.0 ha	2,612.3 ha	657.8 ha	340.6 ha	7,405.8 ha	508.5 ha
100.0%	22.7%	5.7%	3.0%	64.3%	4.3%

資料：東京の土地利用―平成23年度土地利用現況調査結果

7-6 モデル・スタディ対象地区の概要

地区名（面積）	主な立地大学	キャンパスの面積	学生数（学部＋大学院）	主なランドマーク	地域の自然資源等	イメージコンセプト
①早稲田地区（328ha）	早稲田大学、学習院女子大学	24.5ha	4.74万人	大隈講堂	戸山公園、大隈庭園、神田川	早稲田の森・街なか交流キャンパス
②三田地区（192ha）	慶應義塾大学	4.9ha	1.13万人	東門、図書館旧館	古川、三田の丘	水と緑の三田の丘キャンパス
③神田駿河台地区（184ha）	明治大学、日本大学、専修大学、東京医科歯科大学、共立女子大学	16.1ha	6.31万人	リバティタワー、アカデミーコモン、カザルスホール、ニコライ堂、湯島聖堂	神田川、猿楽町の斜面緑地、並木道	歴史と文化のストリートキャンパス〜東京カルチェ・ラタン〜
④飯田橋四谷地区（303ha）	東京理科大学、法政大学、上智大学、大妻女子大学、二松学舎大学	16.3ha	4.71万人	ボアソナードタワー、聖イグナチオ教会	外堀、清水谷公園、靖国神社	産官学をつなぐ外堀キャンパスリンク

7-7 モデル・スタディ対象地区と東京都心の水と緑のネットワーク図

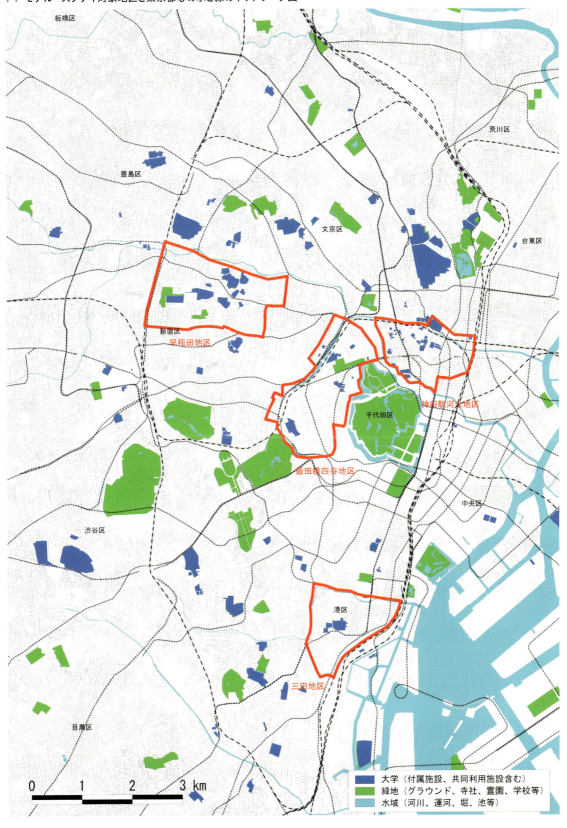

第7章 大学を活かした東京都心のまちづくり

早稲田地区

早稲田地区は、早稲田大学や学習院女子大学をはじめ、多くの文教施設が立地している。

また、緑やオープンスペースが豊富にあるのも特徴である。ここでは、早稲田大学早稲田キャンパス東側に広がる早稲田鶴巻町や地下鉄早稲田駅前の街づくりを中心に提案する。

地区の現況・課題

十分活かされていない緑とオープンスペース

戸山公園や甘泉園公園をはじめとする公園や、早稲田大学・学習院女子大学・戸山高校などの大学・高校や、都営住宅などの大規模な国公有地が数多く点在し、多くの緑とオープンスペースがある。しかし、これらのつながりは薄く閉鎖的な敷地も多いため、十分に活かされていない。

大学街の玄関口として地下鉄早稲田駅周辺

地下鉄早稲田駅周辺は、早稲田キャンパスと戸山キャンパスの間に位置し、大学生や高校生など多くの人が行き交い、賑わっている。しかし地域の拠点としては十分整備されておらず、駅前のスペースや大学への動線が十分ではない。

大学の雰囲気が感じられない早稲田鶴巻町

かつてこの地域は古本屋が集まり、学生で賑わう文化や文学の拠点であった。現在は、印刷・製本の企業、ワンルームマンション、古くからの住宅・店舗などが混在する市街地となっている。中央には、早稲田大学早稲田キャンパスから伸びる広幅員の早大通りが通っている。

早大通りをはじめ、この地域では大学や学生の雰囲気が感じられず、大学に隣接する恵まれた環境は十分に活かされていない。

戸山公園

地下鉄早稲田駅前

早稲田鶴巻町

早稲田通り

7-8 航空写真（現況）

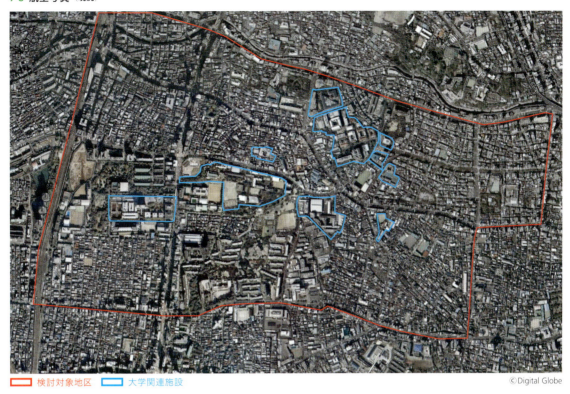

■ 検討対象地区　　■ 大学関連施設

©Digital Globe

7-9 早稲田地区街づくり方針図

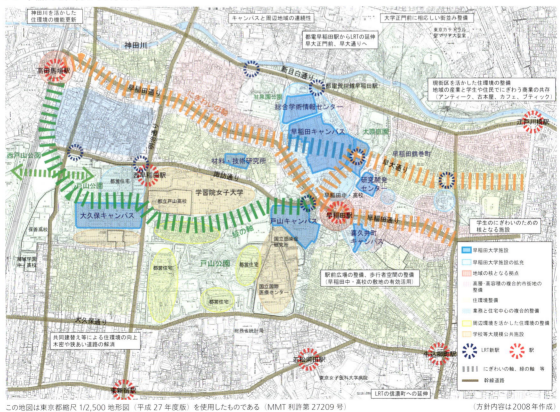

この地図は東京都縮尺 1/2,500 地形図（平成 27 年度版）を使用したものである（MMT 利許第 27209 号）　　　　（方針内容は 2008 年作成）

提案　早稲田の森と街なか交流キャンパス

早稲田鶴巻町

1. 早大通り沿道の整備　〜早稲田大学正門前ブールヴァール〜
- 地域内外を結ぶLRTが通る象徴的な通り
- 低層部に店舗配置された中層建物の連続
- ゲート性のある早稲田大学ツインタワー

2. 地域全体に展開する研究・交流フィールドの育成　〜街なかがアジア各国の文化交流拠点〜
- 早稲田大学施設の地域への拡充（文化構想学部、アジア太平洋研究科等）
- 地域に点在するアジアンライブラリー、アジアン文化センター
- 鶴巻図書館の建替え更新・地域のメディアセンター化
- 路地空間に溢れるアジア料理店・雑貨店の賑わい
- 留学生や准教授のための住居の充実

3. 地域の拠点となる地下鉄早稲田駅周辺の整備
- 駅前広場「早稲田スクエア」の整備
- 多くの来街者が訪れる商業空間の充実

4. 神田川北の丘への連続性の向上
- 早稲田鶴巻町から椿山荘に延びるデッキの設置

7-11 整備イメージ

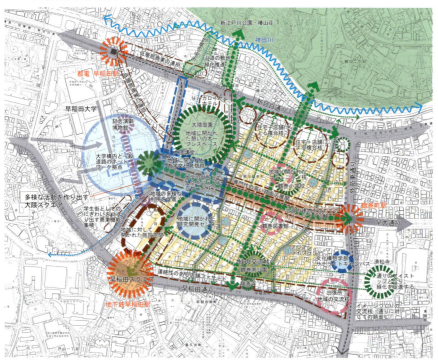

7-10 早稲田鶴巻町周辺街づくり方針図

この地図は東京都縮尺1/2,500地形図（平成27年度版）を使用したものである（MMT利許第27209号）（方針内容は2008年作成）

7-12 早大通りのイメージ

早大通り（現況）

大学のメインストリートに面した、専門性の高い路面店展開

7-13 早稲田鶴巻町のイメージ

凡例：
- 早稲田大学関連施設
- 教育文化施設

通りに対して開かれた施設、オープンスペースと賑わい

7-14 鳥瞰イメージ

早稲田通りと新目白通り沿いは街区再編、高層・集約化を図り、早大通り沿いを中心にその他は現在の街区を残し、更新を図る

第 7 章　大学を活かした東京都心のまちづくり

三田地区

　三田地区は、慶應義塾大学や戸板女子短期大学が立地している。閑静な住宅や豊かな緑が残る丘の街と、下町的活気がある芝の街が共存している。

　ここでは、大学を中心とした人工地盤等の活用による地区全体の連続性と、塀や高低差によって閉ざされた大規模なキャンパスや地域に眠る自然資源の顕在化を基軸に提案する。

地区の現況・課題

地域と分断された慶應義塾大学

　緑豊かなキャンパスは、学生の憩いの場所となっている。しかし地形の起伏により周囲は崖や塀に囲まれ、街と分断されているため、街には大学の顔や雰囲気が十分感じられない。

乏しい田町駅周辺や周辺地区との連続性

　田町駅周辺は国内有数の企業が集積するビジネスエリアである。しかし街の玄関口としての魅力に欠けており、三田の丘への連続性も感じられない。

　北西には、麻布十番や六本木などの賑わいある街が広がるが、高低差や首都高速道路、古川沿いに立ち並んだ建物等によって分断され、歩行者の行き来も少なく回遊性がない。

活かされていない地域の緑と水

　三田の丘には、慶應義塾大学をはじめ大使館など緑豊かな大規模な敷地を有する施設が集まっている。しかし各施設は閉鎖的であり、丘に広がる地域の緑を十分に感じられない。

　かつてこの地域は、現在の山手線沿いの海岸線、古川、街を流れる掘割等、身近に水辺を感じられた。しかし、首都高速道路がかかる古川をはじめ、現在では水辺を感じられない。一方、近年田町駅の東側では、水辺に親しめる運河の整備が進められつつある。

塀で囲まれた慶應義塾大学　　慶應義塾大学との連続性が感じられない田町駅周辺

塀で囲まれた道が続く三田の丘　　高速道路が上部にかかる古川

7-15 航空写真（現況）

□ 検討対象地区
□ 大学関連施設

ⒸDigital Globe

7-16 三田地区現況図

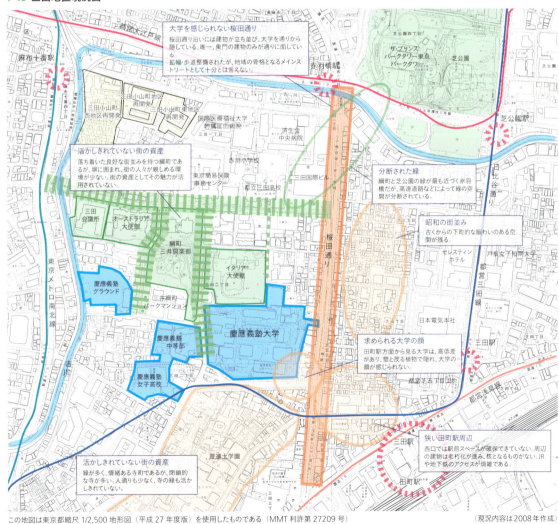

この地図は東京都縮尺1/2,500地形図（平成27年度版）を使用したものである（MMT 利許第27209号）　　　　　　　　　　　　　　　　　　　　　　　　　（現況内容は2008年作成）

第7章　大学を活かした東京都心のまちづくり　　179

提案　水と緑の三田の丘キャンパス

1. 親水性の感じられる水のネットワーク
〜地形や歴史など地域の特徴にふさわしい水辺空間とする〜
2. 地域内外をつなぐ緑のネットワーク
〜地域に残る緑の活用と創出による緑の連続を図る〜
3. 人工地盤を活用した歩行者ネットワーク
〜先進的な超高層街と下町的賑わいの共生を図る〜

a. 慶應義塾大学の地域への顔出し──滲み出し
街に開かれた三田の丘
地域に広がる大学のフィールド（研究・交流・活動の場）の整備

b. 地域に残る緑や水の活用──再生
芝公園〜芝〜三田の丘〜高輪に連続する逆L字型の緑のネットワーク
容積移転等による古川の水辺空間、河岸緑地の再生
掘割、運河による水辺空間のネットワーク

c. 地域に残る昭和の街並みの再生
芝3丁目を中心に学生や観光客で賑わう下町的な空間の再生

d. ポテンシャルの高い立地を活かした業務機能の拡大
産学連携の促進、国際的ビジネス拠点の形成

e. 医療機能の一大拠点化
高度な医療サービス・研究開発の集積

7-18　東側からの鳥瞰

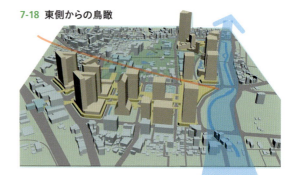

田町駅前を頂点とするスカイラインを形成し、古川沿いに丘の道を創出

7-19　古川に囲まれた地区全体の鳥瞰イメージ

7-17　人工地盤がつなぐ地区の断面イメージ

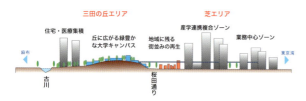

桜田通り（現況）

7-20 三田地区の整備イメージ

7-21 桜田通りのイメージ

高低差を解消し、街につながるキャンパス

神田駿河台地区

　神田駿河台地区は、かつての帝国大学と官庁街の中間に位置し、多くの私学が出現した地区である。現在でも、明治大学や日本大学をはじめとする多くの大学や専門学校などが立地する、東京を代表する学生街である。

　ここでは、地区の歴史的資産や駿河台の地形の活用を図りながら賑わいと大学連携を強化し、湯島聖堂、猿楽町、ニコライ堂、小川町の4つのゾーンを対象にした提案を行う。

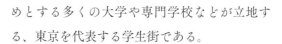

地区の現況・課題

教育、医療、商業施設の集積

- 日本の中でも有数の学生街を形成している。
- 大学、専門学校、予備校等の教育機関が集積しているが、相互の連携（大学間連携等）は形成されていない。小さなキャンパスしか持たない個々の教育機関は、充分な施設の確保ができない。
- 大学附属病院、民間病院等の医療機関が集積している。
- 古書店、スポーツ用品店、楽器店、老舗等の専門店街が地域全体に散在しているが、相互の連携が弱い。

活用されていない歴史的建造物や貴重な自然資源

- ニコライ堂、湯島聖堂、山の上ホテル、カザルスホール等の歴史のある建造物があるが、周囲の都市に埋もれている。
- 貴重な自然資源（例えば、猿楽町斜面緑地、神田川等の貴重な自然資源等）があるにもかかわらず、有効に活用されていない。

多様な活動のための空間の不足

- 地下鉄、JR等の鉄道駅が数多く存在しているが、御茶ノ水駅前をはじめ、オープンスペースや歩行者空間が不足している。
- 学生や来街者の交流、休息、飲食等の場が不足している。

湯島聖堂

ニコライ堂

神田川

猿楽町の斜面緑地

7-22 航空写真（現況）

検討対象地区　　大学関連施設

ⒸDigital Globe

7-23 神田駿河台地区現況図

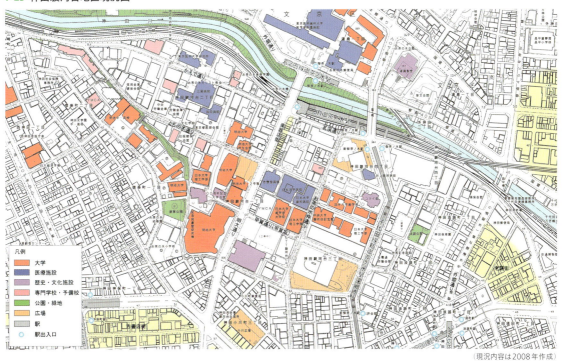

（現況内容は2008年作成）

第7章　大学を活かした東京都心のまちづくり　　183

提案　歴史と文化のストリートキャンパス
―東京カルチェ・ラタン―

1. 大学を核とした連携の構築　～大学間連携、産学協同、地域連携の推進～
a. 都心型大学機能の強化
・市街地に溶け込んだ施設配置、民間施設内への立地
b. 大学間交流、連携の強化
・共同の学部・大学院の新設、共同研究・相互受講の推進
c. 産学協同や学生支援の推進
・産学共同ラボ、大学ベンチャーの設置（医療、理工、文科）
d. 専門街や地域との連携
・大学の施設開放、大学主催のイベント、ボランティア活動の推進
e. 大学からの情報発信
・駅（JR、地下鉄）構内へのディスプレイ、情報端末の設置

2. 歩行者ネットワークの構築
～広場・公園、文化・歴史資源、自然資源、景観資源のネットワーク～
a. 歩行者南北軸、東西軸の整備
・南北：お茶の水仲通り、明大通り
・東西：茗溪通り、とちの木通り、甲賀通り
b. 広場、公園のネットワークの形成
・広場のネットワーク（ニコライ広場、新小川広場）
・公園のネットワーク（新錦華公園、猿楽町斜面緑地、淡路公園）
c. 神田川の自然を地区内に引き込む緑の軸線の創出
d. 地区内の文化・歴史資源を結ぶ文化の軸線の創出
e. 街を垣間見る眺望点を結ぶ回遊動線の整備
f. 地下の歩行者ネットワークの強化
g. 御茶ノ水駅のバリアフリー化と歩行者空間の拡充

7-25 湯島聖堂ゾーン

a. 江戸時代の大学「湯島聖堂」の地域開放
b. 神田川を眺める公園の整備
c. 湯島聖堂からニコライ堂に至る歴史を感じる景観の創出

7-26 ニコライ堂ゾーン

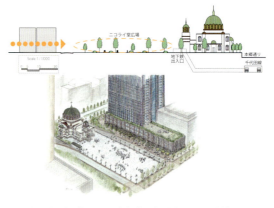

a. 歴史的建造物「ニコライ堂」前に象徴的な広場を創出
b. 駅とつながる地下通路の整備

7-24 神田駿河台地区の整備イメージ

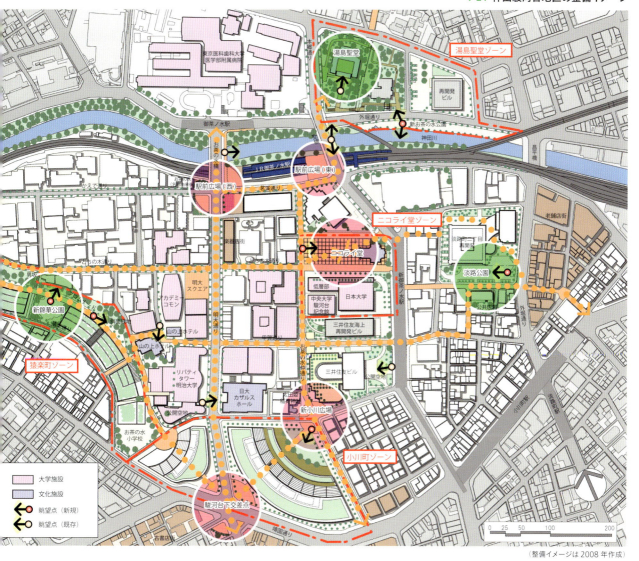

7-27 猿楽町ゾーン

a. 大学連携拠点の設置
b. 江戸時代から残存する崖線の緑の保存・再生
c. 地域資源を結ぶプロムナードの整備

7-28 小川町ゾーン

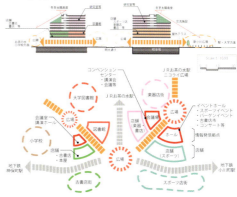

a. 産学協同拠点の設置
b. 大学や企業・専門店街の情報・文化の発信拠点の整備
c. 新たな人の流れを生む広場の整備

第7章 大学を活かした東京都心のまちづくり　185

飯田橋四谷地区

飯田橋四谷地区は今も江戸時代の骨格を残し、内堀と外堀に囲まれた台地状の地域に多くの大学・中学高校が集積する文教地区である。外堀沿いには東京理科大学、法政大学、上智大学など大規模な大学が立地し、番町から九段にかけては日本歯科大学、東京家政学院大学、大妻女子大学の他、私立女子校が数多く集まっている。

ここでは、外堀の再生と大学連携を基軸に4つのエリアを対象に提案する。

地区の現況・課題

場所や地形を生かす

- 政府・官庁に隣接し東京都心部における重要な役割を担う。
- 江戸城の外堀が残され、東京を代表する緑地・水辺空間となっている。しかしながら、真田濠（グラウンド）や市ヶ谷濠（外濠公園）、飯田濠（飯田橋セントラルプラザ）は埋め立てられている。
- 堀沿いの斜面や台地など、高低差のある独特の地形が十分活用されていない。

特徴ある機能の集積

- 地区の広範囲に大学が広がり、中でも東京理科大学、法政大学、上智大学は外堀沿いに大規模敷地を有する。また、近年は社会人向け大学院大学の新設が目立つ。しかしながら、キャンパスがそれぞれ閉鎖的で、大学間の連携が十分ではない。
- シンクタンクや学会、会館などが地域全体に集積している。
- 番町・九段・富士見周辺に私立女子中学・高校が集積しているが、学校が塀に閉ざされ、地域との関わりが薄い。
- イギリス大使館・ベルギー大使館をはじめ、大使館が集積している。

交通利便性

- JRや地下鉄など多くの路線が乗り入れる交通結節点としても機能している（8駅9路線）が、市ケ谷駅前をはじめ、地区の駅前には十分なオープンスペースがない。
- 外堀通り（環状2号線）、放射27号線の未拡幅区間が残る。

内堀の水辺・緑地空間

活かされていない外堀通り沿いの水辺・緑地空間

会館等が集積する日テレ通り周辺

外堀の埋立てによる真田濠グラウンド

7-29 航空写真（現況）

■ 検討対象地区
■ 大学関連施設
ⒸDigital Globe

7-30 内堀と外堀に囲まれる当地区の位置づけ

7-31 飯田橋四谷地区現況図

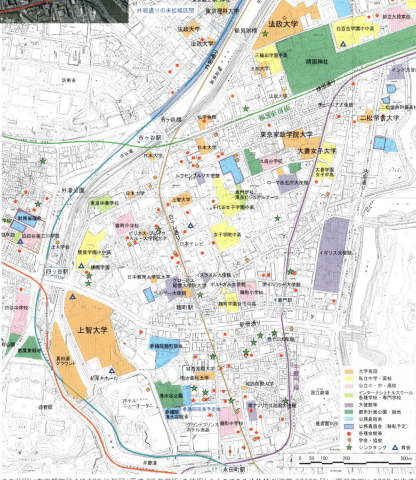

この地図は東京都縮尺1/2,500地形図（平成27年度版）を使用したものである（MMT利許第27209号）（現況内容は2008年作成）

第7章　大学を活かした東京都心のまちづくり　　187

提案　産官学をつなぐ外堀キャンパスリンク

1. 政府・学会系研究拠点としての強化
〜大学とシンクタンクの高度な連携と知的集積〜
- 日本の中枢を担う知と情報の発信機能、霞が関・永田町のバックオフィス機能の強化
- 産学連携の拠点の整備
- 大学機能の充実と地域への拡充

2. 外堀の復元
〜外堀を中心に人でにぎわう一体的な界隈の創出〜
- 外堀通り・内堀通りを人が楽しめる空間へ転換
- 地域の大学・学校のための回遊・交流空間の創出
- 東京を代表する良好な景観の創出
- 歴史性の表出、江戸の記憶の継承
- 途切れた外堀の再ネットワーク化、日本橋川への連続性

3. 高低差のある地形の活用
〜地域固有の地形が感じられる立体的利用〜
- 高低差による歩行者への障害の軽減
- 地上と地下の距離感を縮め、連続性を確保
- 地上にある必要のない機能の地下化
- 地域の地形を顕在化する空間・景観形成

7-32 各エリアの断面イメージ

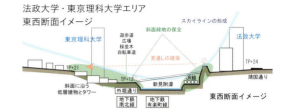

法政大学・東京理科大学エリア 東西断面イメージ

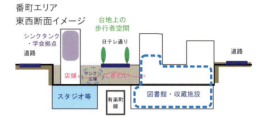

番町エリア 東西断面イメージ

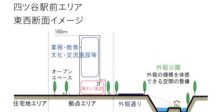

四ツ谷駅前エリア 東西断面イメージ

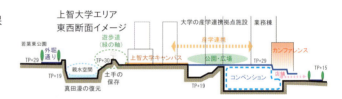

上智大学エリア 東西断面イメージ

7-33 外堀通り地下化後の外堀沿いイメージ

7-34 再生された外堀・上智大学と産学連携拠点イメージ　　　7-35 飯田橋四谷地区の整備イメージ

法政大学・東京理科大学エリア
・外堀通り（環状2号戦）の地下化
・東京理科大学と法政大学のネットワークの形成
・緑のネットワークの創造

番町エリア
・研究集積エリアの整備
・市ヶ谷駅と麹町駅を結ぶプロムナードの整備
・放射27号線の整備

四ツ谷駅前エリア
・駅前の拠点形成（賑わい、大学、交流機能等の複合）
・外堀公園の整備

上智大学エリア
・産学連携拠点の整備
・真田濠の復元
・大学の周辺地域への連続性の向上

この地図は東京都縮尺1/2,500地形図（平成27年度版）を使用したものである（MMT利許第27209号）　　　（整備イメージは2008年作成）

世界に比類のない
国際大学都市の形成に向けて

東京都心において、緑豊かで先進的な大学都市を形成していくために、以下の3点を提案する。

「大学再開発特区」の設定
国への働きかけ

- **新しい時代のニーズに対応した大学集積地区の機能の活性化を図る**

大都市圏におけるこれからの大学集積、「知」の集積の意義を明確にして、東京都心の大学集積地域を国の「特区」として位置づける。大学が教育機能を拡充し国際的な水準を有する大学として活動し、また大学相互の連携を深め大学集積のメリットを享受し、更に学生や教職員、留学生等の居住の場を整備しやすくするために、「特区」制度を活用する。

- **大学の敷地や隣接する敷地を有効に活用して地域整備を促進する**

大学の敷地や隣接する敷地を有効に活用し、キャンパスの建物の高層化・複合化・再配置を図り、街に開かれたキャンパスの整備を図る。建物の高層化・複合化・再配置等を通じてキャンパスが整備されることにより、大学の機能が強化されると共に、有効に活用された敷地等を活用し、大学と街とが一体化した豊かな都市空間の整備や緑のネットワークの形成が可能となる。

そのために、大学を中心として周辺の地域を組み込んだ地域に「大学再開発特区」を設定し、税制や金融、容積率などのメリットを付与し、大学という角度から東京の再開発に弾みをつける。「特区」の認定にあたっては、行政の協力義務を付加する。

地域整備の中に大学を
適正に位置づける
地域への働きかけ

- **東京都のまちづくりの基本方針へ組み込む**

東京都のまちづくりの基本方針の中には、大学が機能的、空間的に適切に組み込まれているとは言えない。大学機能の役割と大学の「新たな公」としての役割、また、大学の東京のまちにおける空間的な役割が見直されている今日、東京都のまちづくりの基本方針の中に、機能的、空間的に適切に、かつ積極的に位置づけられるよう働きかける。

- **区の都市計画マスタープランで積極的に位置づける**

都心8区の都市計画マスタープランでは、千代田区、豊島区、目黒区、文京区で、大学を文化資源、緑の拠点として、港区、豊島区、文京区で、大学を災害時の拠点として位置づけている。地域別のまちづくり方針については、中央区を除く7区の都市計画マスタープランで位

置づけている。

機能的、空間的に適切に、且つ、積極的に都市計画マスタープランで位置づけられるよう働きかける。

● **開発指導要綱などにより誘導する**

開発指導要綱については、千代田区において住宅付置制度要綱があり、大学等教育施設に関する言及がある。港区、新宿区においても指導要綱があるが、大学等に関する規定は特にない（区長が認めるものは要綱を適用しない）。

大学が教育機能を拡充し、学生や教職員、留学生等の居住の場を整備出来るよう、また地域社会に開かれたキャンパスになるように、適切に、かつ積極的に開発指導要綱を定めるよう働きかける。

地域に開かれたキャンパスの充実
大学への働きかけ

● **国際的に開かれた大学へ**

都心に立地している大学等に、国際的な水準を有する大学を目指して積極的に教育研究活動を展開するよう、大学相互の連携や行政・産業との連携を深め、都心での大学集積のメリットを享受するよう、留学生や研究者を受け入れる国際的に開かれた大学になるよう働きかける。

● **地域に開かれたキャンパスの充実**

またキャンパスの整備に当たっては、大学や隣接する敷地の有効活用を促すよう、塀をはずして地域に開かれたキャンパスを整備するよう、学生や教職員、留学生等の居住の場を整備するよう、そして地域及び地域社会に開かれた大学になるよう働きかける。

第 **8** 章

赤坂・六本木・虎ノ門・新橋地域の
まちづくり

本章は、2012年6月発行の報告書「国際性・先駆性を有するアジアを代表する都心の創造──赤坂・六本木・虎ノ門・新橋地域のまちづくり」をもとに編集した。

序
国際性・先駆性を有するアジアを代表する都心の創造

　本章では、第2章の分析を踏まえ、赤坂・六本木・虎ノ門・新橋地域を取り上げ、そのまちづくりの提案を行った。

　東京都心の各地域を見ると、大手町・丸の内・有楽町地域や都心臨海部のように官民と地元関係者で、まちづくりの方針が明確な地域もあるが、赤坂・六本木・虎ノ門・新橋地域は、官民と地元関係者で共有するまちづくりの方針が未確定だ。この赤坂・六本木・虎ノ門・新橋地域の将来像について、早期に共通認識、共有する価値観、共通のターゲットが確立されることが、今後の東京都心まちづくりのカギであるとの認識のもと、敢えてかなり具体的な方向性にまで踏み込んで提案を行った。

　赤坂・六本木・虎ノ門・新橋地域の2025年の将来像として、外国高度人材のビジネス・居住ゾーンの形成（日本人に限らず世界中のグローバルプレーヤーが集い、働き、学び、暮らしやすい環境になる。都心での活動をシームレス、ならびにウォーキングディスタンス〈徒歩圏〉で行える都市が実現する）、高度防災自立型エネルギーゾーンとそのネットワークの形成（防災性を強化することで、災害の不安なく暮らすことができ、この地域に拠点を置く外国企業や世界各国の大使館の事業継続が保証されることになる。さらに、隣接する官公庁機能のバックアップ機能を担う）、ガーデンシティの形成（都心の中心部でありながら緑あふれる環境が生まれ、緑のネットワークや親水空間を生み出すことで「風の道」〈地域内に海からの風が届く〉が創出される。まち全体のオープンスペースがこのような空間になれば、人々にとっての賑わいの場、憩いの場となる）の3つを掲げ、コンセプトとしては、立体緑園都市 [Vertical Garden City] とした。

　将来の都市空間イメージの提案にあたっては、委員会での議論をふまえ、「森・伊藤による将来の都市空間イメージ」として提案した。

　また、森氏が、「国際性・先駆性を有するアジアを代表する都心の創造〈赤坂・六本木・虎ノ門・新橋地域のまちづくり〉」の発行（2012年6月）を待たずして、2012年3月に亡くなられたことから、その追悼として「21世紀の都市文化の国際的担い手であった森稔氏」を巻末に掲載した。

都心のあたらしい街づくりを考える会
都市構造検討委員会　委員長　伊藤　滋

赤坂・六本木・虎ノ門・新橋地域のまちづくり
── 本章の構成 ──

赤坂・六本木・虎ノ門・新橋地域の特徴

- 良好な住環境・国際性・情報発信・自然と歴史の強みを生かす
- 補う余地がある土地利用や交通インフラ
- この地域の現状からみえてくるもの
  - 培われてきた国際性
  - 地域の防災性
  - 豊かな自然
- 地域を取り巻く環境の変化
  - 都市開発かみた現状と問題点
  - 社会環境の変化への対応
  - リニア中央新幹線開業
  - オリンピック・パラリンピック（2020 年）開催
  - 羽田空港の国際化の進展
  - 高速道路インフラの整備

赤坂・六本木・虎ノ門・新橋地域の将来像 2025 年

- 国際性・先駆性を有する都心の将来像
  - I　外国高度人材のビジネス・居住ゾーンの形成
  - II　高度防災自立型エネルギーゾーンとそのネットワークの形成
  - III　ガーデンシティの形成
- 多彩な用途が複合した土地利用
- ゾーン分割とその地域運営
- 将来像実現のための整備方針

コンセプト：立体緑園都市 (Vertical Garden City)

立体緑園都市実現のために

- 数値目標と効果の試算
- 実現のための 25 のガイドライン（案）

2025 年の都市空間イメージ

森・伊藤による将来の都市空間イメージ

- 都市空間の考え方と手法

I	地域を貫く軸線	→ 軸線を「国際文化の散歩道」として整備
II	多様な用途が集まる「峰」	→ 高度集積拠点を軸線上に整備
III	多様な機能集積と地域特性	→ 特色あふれる 3 つの文化都心を形成
IV	軸線から離れた地域へのにじみ出し	→ 高度集積拠点と軸線から離れた地域は相互にサポートしあう関係を構築

- 森・伊藤による将来の都市空間イメージ［グランドデザイン］

- 3 つの文化都心と国際文化の散歩道
  - 国際文化都心（文化の融合と受発信）
  - 生活・文化都心（丘と平地の融合）
  - 業務・文化都心（地域の玄関口）

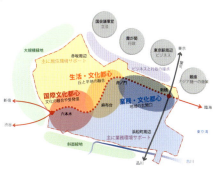

赤坂・六本木・虎ノ門・新橋地域の特徴

より一層、国際性、先駆性を有するアジアを代表する都心になるために、東京をどのように形成することが望ましいのか。本章では、都心部の中でも特に赤坂・六本木・虎ノ門・新橋地域を取り上げ、その将来像と実現のための手法を提案する。

良好な住環境・国際性・情報発信・自然と歴史の強みを生かす

この地域は、高度な業務機能集積に加え、良好な住環境を備える地域である。東京都心を代表する業務集積エリアのひとつであり、多くの外国企業も立地している。その一方、業務集積のみならず、赤坂や麻布など良好な住環境も兼ね備えているのが特徴である。近年では、居住者が増加しており、現在では約4.2万人がこの地で生活を営んでいる。

もう一つの特徴は、国際性の豊かさであり、この地域には約500社の外資系企業が立地し、都心でも随一の国際性が高い地域といえる。また19ヶ国の大使館が当地域内に立地しており、外交においても非常に重要な地域である。

それに伴い多くの外国人が生活しており、外国人人口は約1万人、比率にすると約25％となる。このような国際的な業務・居住環境に加え、国際水準のホテル、交流クラブなどが立地し、地域に根付いた外国人コミュニティが育まれている。

さらには情報発信の拠点となるテレビ・ラジオ局やIT企業が集積しており、最先端の知的情報や刺激が発信される地域でもある。特に六本木周辺では、森美術館、国立新美術館、21_21 DESIGN SIGHT、サントリー美術館など美術館の整備が相次いでおり、芸術集積エリアを形成している。

また、六本木ヒルズや東京ミッドタウン、赤坂サカス、汐留シオサイトなど、近年の大規模開発によって巨大な商業施設や文化施設が整備され、新たな観光名所が創出されている。

最新鋭の技術、情報、芸術などが集積される地域でありながら、この地域は江戸時代より情報、物流が行き交う東海道の沿道にあたり、特に虎ノ門は、見附の中でもとりわけ重要な「江戸五口」のひとつだった。当時からこの地域には、増上寺から愛宕神社にかけて広大な寺社地があり、周辺には武家地が広がっていた。

愛宕神社などは、地元の大切な資産として保全され、武家地跡は、大使館などにその用途を変えているが、当時の敷地割の様子が今も残されている。

地域西側は、起伏に富んだ地形で斜面緑地が残っている。さらに芝公園、愛宕山などの大規模緑地があり、整備された日比谷公園、青山霊園、有栖川宮記念公園があり、都心でありながら豊かな自然環境が整っている。

8-1 赤坂・六本木・虎ノ門・新橋地域

補う余地がある
土地利用や交通インフラ

　この地域にも改善すべき弱みもいくつかある。これまでにも、地域のポテンシャルを活かす大規模都市開発が行われ、土地の高度利用が図られてきた。しかし、中低層建物や戸建住宅等が広がり、いまだ十分な高度利用が図られていない地域も残っている。

　その原因として、この地域の小さな街区構成と道路基盤の不十分さが挙げられる。地域東側の新橋、浜松町周辺は、戦災復興による整然とした街区割であるものの、小規模な建物を想定した0.3haほどの小さな街区であり、また西側の麻布台、六本木、赤坂周辺は、寺社や武家地跡の比較的大きな街区だが、道路基盤が不十分といえる。さらに、細街路に囲まれた木造密集住宅地が残り、震災や火災延焼など、災害時の安全性が懸念される。新橋や虎ノ門周辺には火災の危険性は少ないが、いわゆる旧耐震の建物が多く、地震の際には倒壊の恐れがある。

　その一方で新橋、虎ノ門周辺は、戦後から高度成長期にかけて急激に業務地域化が進み、現在では、極端に居住者が少なく昼夜間人口のバランスに偏りのある街と言わざるをえない。休日の人通りは少なく、賑わいは見られず、現在の多様化したライフスタイルに対応する魅力的で効率的な活用がなされているとは言いがたい。

　この地域の東側にはJR線が縦断し、また地下鉄8路線が通るなど、公共交通機関が充実しているが、一部には駅からの距離が遠く、利便性の低い地域が残っている。路線バスやコミュニティバスの導入等により改善も図られているが、いまだ十分ではない。また、海外との玄関口である羽田空港や品川駅とのアクセスについては、直線距離は近いものの公共交通インフラが十分ではなく、アクセスには改善の余地がある。

この地域の現状からみえてくるもの

　国際性、防災、自然（緑・水・地形）の3つの観点より、この地域の現況図とともに問題点、改善点や地域の特徴を示す。

● **培われてきた国際性**
・約500社の外資系企業（全国の15%の外資系企業が立地）
・19ヶ国の大使館
・約1万人の外国人居住者
・国際水準のホテル（宿泊利用、会議・宴会利用）

- 外国人子弟のためのインターナショナルスクール
- 外国人コミュニティを育む交流施設
- 国際会議の行われるカンファレンス施設
- 日常生活を支える外国人向けスーパーマーケット
- 外国語対応の医療施設
- 世界各国の料理を楽しめるレストラン
- 留学生が学ぶ大学サテライトキャンパス

● **地域の防災性**
- 10ヶ所の地域熱供給施設
- 大規模医療施設の集積（慈恵会医大病院、虎の門病院 等）

- 災害危険性の残る木造密集市街地と細街路

● **豊かな自然**
- 地域内の緑（芝公園、愛宕山、氷川神社など）
- 周辺を取り囲む緑（浜離宮恩賜庭園、日比谷公園、青山霊園、有栖川宮記念公園、赤坂御用地 など）
- 東側の低地と西側の起伏ある土地がぶつかる、複雑で特徴的な地形
- 近年の大規模開発等を通じて創出された新たな緑
- 地域資源として十分活かされていない古川

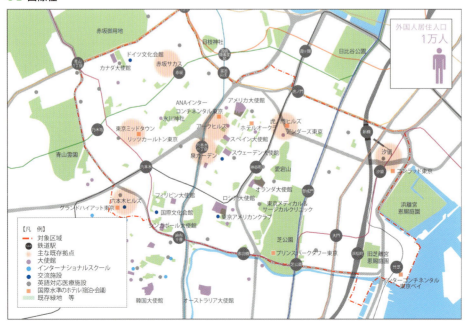

8-2 国際性

8-3 防災

8-4 自然（緑・水・地形）

8章　赤坂・六本木・虎ノ門・新橋地域のまちづくり

地域を取り巻く環境の変化

　赤坂・六本木・虎ノ門・新橋地域に「国際性・先駆性を有するアジアを代表する都心」の形成を提案する理由を、地域を取り巻く環境の変化とともに整理する。

● 都市開発からみた現状と問題点

　まずは、東京都心におけるこの地域の位置づけと周辺地域の関係について挙げてみる。港区の北部にあたり、東京都心の中でもほぼ中央に位置しているこの地域のすぐ北側には、東京の玄関口である東京駅をはさんで、大手町・丸の内・有楽町地域及び、日本橋・八重洲・京橋地域が位置する。また南側には、リニア中央新幹線のターミナルとなる品川駅周辺地域が位置している。これらの地域では、東京都心の魅力、国際競争力を強化する大規模な機能更新が進行中・計画中であり、この地域はその中心にあると言えよう。

　次に、都心における新陳代謝とそのサイクルについて挙げてみる。江戸期以来東京の都心は、その重心を西南方面に少しずつ移動させながら特色ある地域を育み、独自の魅力を形成してきた。浅草に始まり、日本橋、丸の内、銀座、新宿、渋谷、青山、赤坂・六本木へと重心が移り変わることで、時代を反映した拠点を生み、都心全体を多様性のある魅力的なものにしてきた。

　このように、都心に多様な地域を生み出してきたことにより、東京都心は全体の魅力を絶やすことなく長期的なサイクルで都市機能を更新し、新陳代謝を繰り返すことが可能である。この地域も、将来を見据えた次の機能更新を迎える時期に来ていると言えよう。

　この地域の開発経緯を振り返ると、東側の新橋エリアでは、戦後に区画整理が行われ、高度経済成長期にオフィス街として開発が進んだ。一方、西側の山の手エリアでは、武家屋敷や寺社地、軍用地等の大規模な敷地を活用し、大使館の集積や高級住宅地の形成、複合都市開発が展開された。これらの都市開発は、官公庁、外国政府、民間企業、住民など多様な主体によっ

西新宿

渋谷

東京駅周辺

品川駅周辺

て行われており、これこそがこの地域の特徴となっている。

現在東京都心の多くの地域では、地元組織が描いた将来像を共有しながらまちづくりが進められている。しかしこの地域では、そのような地元組織や将来像が十分整っているとは言えない。今後も多様な主体がまちづくりを進めるためには、将来像を描き、共有することが求められる。

● 社会環境の変化への対応

このような現状と問題点を踏まえ、赤坂・六本木・虎ノ門・新橋地域の将来像（目標年次2025年）と実現のためのガイドラインを提案する。提案にあたって、以下に示すこの地域の役割と将来の都市環境の変化に留意する。

まず地域の役割としては、対象地域に留まることなく、周辺地域の地域特性を踏まえ、強みを伸ばし、弱みを補完しあうことが重要である。さらに、それらが連携し連続性を確保することも欠かせない。

また、この地域の強みのひとつである国際性豊かで先端的なビジネス集積を今後も大いに伸ばし、加えて、隣接する東京駅周辺や品川駅周辺、行政の中枢である霞が関の受け皿として好環境な居住機能の充実を図るべきである。

さらに将来の都市環境の変化として、以下の4点が挙げられる。

● リニア中央新幹線開業

2027年にリニア中央新幹線の開業が予定されている。開業すると、1時間圏内居住者5,000万人規模という世界に類を見ない都市圏が誕生することになる。これにより東京都心は、より高度にネットワーク化する日本列島を支え、牽引する役割が求められる。また品川駅周辺は、新たな東京都心の玄関口としての役割を担うことが見込まれる。

● オリンピック・パラリンピック（2020年）開催

2020年、東京オリンピック・パラリンピック大会が開催される。半世紀以上前の1964年東京オリンピックは、東京都心部の幹線道路や首都高速道路をはじめ、都市整備推進の大きな力になった。2020年のオリンピックも、東京都心の都市再生を大きく推進する契機とすることができると考えられる。

● 羽田空港の国際化の進展

羽田空港は、2010年に4本目の滑走路の供用を開始した。それ以降国際線の就航も増え、年間発着数は国内線国際線合計で44.7万回（2014年度）に増加し、更なる増便の必要性も議論されている。

政府は、訪日旅行促進事業において、2020年の国際観光客数4,000万人／年を目標としており、多くの外国人が訪れることが見込まれる。

8-5 当地域の役割と将来の都市環境の変化

● **高速道路インフラの整備**

現在ある都心環状線内のうち、55％が建設後40年経過するなど、首都高速道路は老朽化の問題を抱えている。一方、中央環状品川線が開通（3号渋谷線 - 湾岸線、2014年度開通）し、東京外かく環状道路の事業も進められているなど、外周部の道路ネットワークが整備されることで、都心部の高速道路のあり方が検討されるべき時期を迎えたと言える。

赤坂・六本木・虎ノ門・新橋地域の将来像2025年

この地域の特徴を踏まえ、2025年の将来像として以下の3つを挙げ、
これらの将来像を実現するコンセプトを「立体緑園都市（Vertical Garden City）」と呼び、提案する。

国際性・先駆性を有する都心の将来像

I 外国高度人材のビジネス・居住ゾーンの形成

- 外国企業のなかでも、アジア統括拠点・研究開発拠点を積極的に誘致し、高度集積を形成する
- 知的情報産業や、クリエイティブ産業と言われる高付加価値の産業を誘致する
- 国際的な研究・産学連携の拠点を形成する
- 外国高度人材や、その家族が暮らしやすい居住環境を形成する
- 国際空港とのアクセスを強化する

▶ **日本人に限らず世界中のグローバルプレーヤーが集い、働き、学び、暮らしやすい環境になる。都心での活動をシームレス、ならびにウォーキングディスタンス（徒歩圏）で行える都市が実現する。**

II 高度防災自立型エネルギーゾーンとそのネットワークの形成

- 地域全体の防災性を強化し、災害時においても確実に事業継続が保証される自立可能な空間を形成する
- 周辺地域に発生する帰宅困難者の受入れや救援が可能な「逃げ込める街区」を形成する
- 「逃げ込める街区」同士を結ぶライフラインネットワークを構築する
- 災害時に機能する防災体制の構築をする

▶ **防災性を強化することで、災害の不安なく暮らすことができ、この地域に拠点を置く外国企業や世界各国の大使館の事業継続が保証されることになる。さらに、隣接する官公庁機能のバックアップ機能を担う。**

III ガーデンシティの形成

- 地域を囲む皇居、日比谷公園、浜離宮恩賜庭園、芝公園、青山霊園、赤坂御用地などの大規模緑地を取り込む
- 開発を通じて、オープンスペースの創出や緑の連続性を確保する
- 古川や東京湾沿岸を親水空間として整備する
- 地域内を快適に回遊できる歩行者ネットワークを形成する

▶ **都心の中心部でありながら緑あふれる環境が生まれ、緑のネットワークや親水空間を生み出すことで「風の道」（地域内に海からの風が届く）が創出される。まち全体のオープンスペースがこのような空間になれば、人々にとっての賑わいの場、憩いの場となる。**

コンセプト

立体緑園都市（Vertical Garden City）

外国高度人材のビジネス・居住のための機能をはじめ、多様な用途の高度集積を図り、ハイレベルな安全・安心を備えた都市環境を実現する。さらに、空間の立体利用により、緑あふれる好環境の都市を実現する。

多彩な用途が複合した土地利用

赤坂・六本木・虎ノ門・新橋地域は、山手線に沿って大手町・丸の内・有楽町地域から田町・品川駅周辺地域までのビジネスエリア、銀座を中心とした商業集積エリア、城南地域から赤坂に至る住宅エリア、霞が関・永田町の官公庁エリアに囲まれ、ビジネス・居住・商業文化、その他の多彩な用途が複合した地域づくりを基本的な考え方とする。

さらに地域内は、周辺地域の特徴を踏まえ、新橋駅から浜松町駅へと南北に連続するビジネス主体エリア、内陸部に広がる住宅主体エリア、六本木周辺の芸術文化の集積エリアと大きく性格付けすることができる。

8-6 土地利用イメージ

ゾーン分割とその地域運営

区域面積約625haあるこの地域を、地形や鉄道路線、幹線道路、エネルギー供給範囲、小学校区等を考慮のうえ、徒歩圏（半径400〜500m、面積50〜100ha）を基本単位として「10ゾーン」に分割し、将来像の実現をこのゾーン単位で進めていく。この単位は、地域の魅力を高める地域運営（エリアマネジメント）を進める上でも有効である。

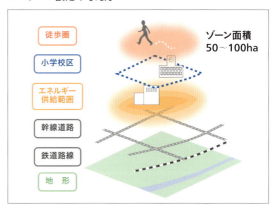

8-7 ゾーン設定の考え方

- **外国高度人材の
ビジネス・居住ゾーンの形成**

ゾーンごとに拠点を先行して整備する。地域の開発動向などを踏まえ、ゾーンによっては複数の拠点整備を行う。

- **高度防災自立型エネルギーゾーンとそのネットワークの形成**

ゾーンごとに拠点を先行して整備する。後発プロジェクトは、同じゾーンで先行して整備された拠点と、エネルギーネットワークを構築する。

- **ガーデンシティの形成**

地域単位でグリーンベルト、ウォーターベルト形成のルールをあらかじめ用意し、先行するプロジェクトと後続のプロジェクトで連携を図る。

- **ゾーンの連携**

徒歩や自転車移動を円滑にするため、ゾーン間は歩行者デッキ等で接続する。

8-8 ゾーンの分割

将来像実現のための整備方針

コンセプトにもとづき、2025年の将来像実現のための整備方針を提示する。

I. 外国高度人材のビジネス・居住ゾーンの形成

- ゾーンごとに、外国高度人材が働き、その家族が暮らす「外国企業・高度人材誘致拠点」を整備する。
  - 外国企業の事業継続、起業のための空間や、ビジネスサポートを提供する。
  - 外国高度人材とその家族が暮らすために必要な用途を、コンパクトに集積させる。
  - 優秀な産業研究者や学生を誘致するため、高度な教育・研究機関・MICE施設を整備する。
- 虎ノ門・麻布台ゾーンを国際交流や外交の中心とするため、大使館を誘致し、集積を促進する。
- 国際空港とのアクセスの強化のため、環状2号線や、水上交通等を活用する。

8-9 整備方針図

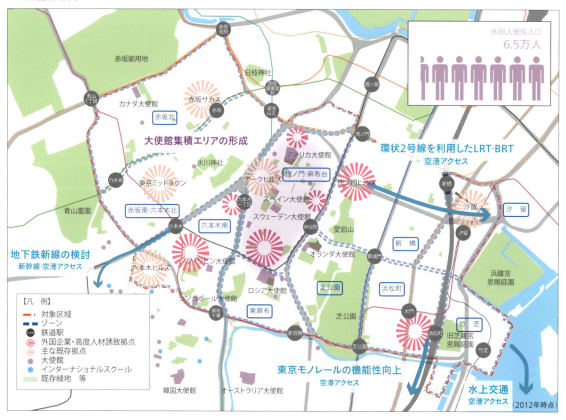

Ⅱ. 高度防災自立型エネルギーゾーンとそのネットワークの形成

▶ ゾーンごとに既存地域熱供給施設との連携を図り、「高度防災拠点」を整備する。
  ・ 事業継続のための多重バックアップ機能を備えたエネルギープラントを設置し、街区内外をネットワーク化
  ・ 災害時でも機能する情報通信ネットワークを構築する。
  ・ 域内で循環可能なごみ処理・下水処理等の供給処理施設を高度防災拠点の地下に整備する。
  ・ 帰宅困難者を受け入れる救援施設を整備する。
▶ 各拠点は、臨海部から新宿まで横断する大深度ライフラインに接続する。
▶ 慈恵会医大病院や虎の門病院等を災害時医療拠点として整備する。
▶ 芝公園エリアには、官庁機能のバックアップ機能を整備する。

8-10 整備方針図

東京都心の広域防災ネットワークとの連携
大深度ライフラインは、臨海部と内陸部（大手町、新宿等）を結び、電気・ガス・物資等を運ぶことができる。大深度ライフライン上の重要な地点には、ライフスポットと呼ばれる拠点を設け、災害時の一時避難受入れや情報提供を行う。

高度防災拠点を結ぶスマートエネルギーネットワーク
コージェネレーションシステムの面的高効率活用による、信頼性、経済性、環境・省エネ性の向上を目的とする。

8-11 大深度ライフラインネットワーク

資料：2030年の東京都心市街地像研究会「新たな地下空間利用像」研究会

III. ガーデンシティの形成

- 既存の大規模緑地や斜面緑地などを活用した、芝公園－愛宕山－日比谷公園グリーンベルト、環状グリーンベルトを整備する。
- 芝公園を再整備（徳川霊廟の復元、江戸徳川ミュージアムの創設）する。
- 東京湾へとつながる古川ウォーターベルトを整備する。
- 古川上空、環状2号線上空、芝公園－愛宕山－日比谷公園グリーンベルト上空を風の道と位置づけ整備する。
- 各ゾーンの拠点を結ぶ、快適な歩行者ネットワークを整備する。

8-12 整備方針図

都心の風の道
東京都心全体で、緑と水を活かし、風の道に配慮したまちづくりを行うことで、ヒートアイランド現象の抑制につながる。
この地域において、古川、環状2号線、芝公園の上空を主な風の道として位置づけ整備する。

芝公園の再整備／
徳川霊廟の復元と江戸徳川ミュージアムの創設
東京プリンスホテル、ザ・プリンスパークタワー東京敷地には、かつて徳川家霊廟があり、上野寛永寺、日光輪王寺と共に歴代将軍が祀られていた。この失われた歴史資源を活かし、周辺と一体となった芝公園再整備を行い、徳川霊廟の復元とその隣接地に江戸徳川ミュージアムを整備する。

8-13 都心の風の道
参考：国交省ヒートアイランド対策研究会、尾島俊雄研究室資料

コラム8

交通基盤の強化

　従業者・居住者・訪問者の増加を支えるには、交通基盤の強化が欠かせない。周辺地域とつながる中広域交通、地域内移動の利便性を高める地域内循環交通の整備が求められる。多くの用途がコンパクトに集積することで、増加が見込まれる徒歩・自転車移動にも対応が求められる。またまちづくりを機に、東京都心をネットワークする首都高速道路のあり方も考える必要がある。

当地域の交通分担率イメージ

2008年は、東京都市圏パーソントリップ調査　ゾーンコード0031

多用途がコンパクトに集積することで
徒歩・自転車の分担率が向上

1 中広域交通の整備

課題
- 交通過疎地域の存在
- 増加する交通需要への対応
- 臨海部・品川・羽田空港へのアクセス向上

▼

提案
- 日比谷線の霞ヶ関駅 - 神谷町駅間に新駅設置
- 環状2号線を利用した中量輸送・中広域交通の整備（例：BRT、LRT等）
- 品川駅方面へのアクセス確保（鉄道新線）

中広域交通整備イメージ

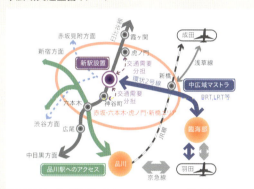

2 地域内循環交通の整備

課題
- 地域内各拠点間のアクセス向上
- 既存鉄道路線の東西方向の接続強化
- 自転車やパーソナルモビリティ利用の増加

▼

提案
- 六本木〜虎ノ門・麻布台〜浜松町を結ぶ地域内交通の整備
- 自転車等の専用空間とシェアの仕組みの整備

地域内循環交通整備イメージ

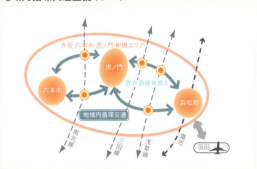

3 首都高速道路の再整備

課題
- 経年劣化補修、耐震補強等の維持費増大
- 慢性的な渋滞

▼

提案
- 地下活用も含めた新首都高速道路システムの整備

（2012年時点）

立体緑園都市実現のために

数値目標と効果の試算

　赤坂・六本木・虎ノ門・新橋地域は、2025年にどのような姿になるのか。ここでは、外国企業による雇用の増加を前提に、この地域で活動する人口及び都市環境整備の必要量と、それに伴い見込まれる経済波及効果を試算する。

● 外国企業の増加と
　それを支える都市環境整備

　政府による「新成長戦略」（2010年）を参考に、右に示すステップの通り試算を行った。その結果新たに必要な床面積は、業務床約400ha、居住床約440ha、商業文化その他床約200haとなり、合計約1,040haにのぼる。

　この空間を、提案する「外国企業・高度人材誘致拠点」整備により用意することとし、仮に拠点整備エリア（敷地面積）をこの地域（625ha）の約6分の1である100haとすると、拠点では平均容積率1,300%を超える土地の高度利用が求められる。

● 外国人の増加

　外国企業による雇用増加に伴い、外国人従業者が約11万人増加、外国人居住者数が5.5万人増加となる。また、海外大学のサテライトキャンパスを誘致することで、約0.2万人の外国人留学生の増加となる。

　さらに、世界から多くの訪問者も受け入れる

8-14　外国企業増加に伴う開発床面積の試算

条件設定　外国企業による雇用
125万人の従業者増加
75万人 ⇒ **200万人** （2025年）
※政府「新成長戦略」外資系企業による雇用目標（2020年）を参考

Step 1　当地域の増加従業者数
現在の外国企業の立地割合と同比率で、従業者数が増えると仮定

〈従業者増加125万人の内訳〉

東京都心全体：44万人増加
当地域　　　：19万人増加
当地域以外　：25万人増加

※現在の外国企業数割合（外資系企業総覧）
当地域：15%
東京都心（アジアヘッドクォーター特区エリア）：35%

Step 2　当地域の増加居住者数
東京都心の増加従業者44万人のうち、一定割合が当地域に居住

① 東京都心で働き、当地域に居住する人
外国人 11万人の25%　　日本人 33万人の5%

2.75万人　　1.75万人

② 当地域の増加居住者数

外国人 5.5万人　＋　日本人 3.5万人　＝　**当地域 9万人増加**
帯同する家族を平均1名と設定

※増加従業者の内訳は、外国人11万人（25%）、日本人33万人（75%）と仮定
※従業者のうち、当地域に住む割合を外国人25%、日本人5%と仮定

Step 3　当地域の必要床面積
増加する従業者と居住者の活動を支える空間を算出

従業者：19万人増　　事務所　400ha　　合計
居住者：9万人増　　 住　宅　440ha　　1,040ha
　　　　　　　　　 商業文化その他 200ha

※一人当たり床面積
業務15㎡/人　有効率0.7
住宅35㎡/人　有効率0.7　と設定
※「商業文化その他」は従業者・居住者の利便性と地域の
　魅力を高めるために必要なものとして設定

Step 4　拠点整備エリアと容積率
必要となる床面積と、従前床面積を合計し容積率を算出

開発面積	増加容積率	従前容積率	従後容積率
150haの場合	700%	（+340%）	1,040%
100haの場合	1,000%	（+340%）	1,340%

※従前容積率を340%と仮定（現在の港区平均）

ようになれば、この地域は、企業のアジア統括機能集積、魅力的観光資源の増加、国際空港からのアクセス向上などによって、年間1,300万人の商用・観光目的の外国人を迎え入れることができる。

増加する外国人規模

従業者の増加：11.0万人

居住者の増加：5.5万人

留学生の増加：0.2万人

訪問者　　　：1,300万人／年　3.6万人／日

※海外大学サテライトキャンパスを誘致
　シンガポールのビジネススクール INSEAD 規模（学生1,000名）を2校と仮定。
※訪問者数は、新成長戦略（2010年）の将来的な訪日外国人数3,000万人を基に、その多くを当地域で受入れるものとし、当地域への訪問率を、商用目的5割、観光目的4割と仮定した。
なお、現在政府は、4,000万人（2020年）を目標に掲げている（図8-16参照）。

● 経済波及効果

外国企業・高度人材誘致拠点を整備することで、建設による経済波及効果が期待できる。さらに、多くの人が働き訪れることで、事業活動の増加による効果も期待できる。ここでは、前段の拠点整備による経済波及効果を試算した。

その結果、建設に伴う経済波及効果は13.5兆円、その後の事業活動に伴う経済波及効果は24.6兆円／年となる。

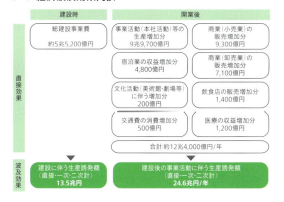

8-15 経済波及効果内訳

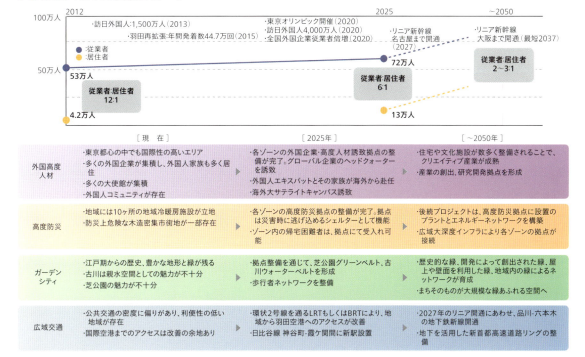

8-16 2050年までの長期展望イメージ

実現のための
25のガイドライン（案）

　コンセプトである「立体緑園都市」を実現するための、基本的な考え方を提示する。ここではその考え方を、A：土地利用、B：防災・エネルギー、C：デザイン、D：開発推進・運営に関わる25項目の内容をガイドライン（案）にまとめた。なお、これらは地域の実情にあわせて柔軟に運用されるべきであり、今後の議論や技術の進歩、価値観の変化などにあわせ、追加・更新を繰り返していくべきである。

A：土地利用　13項目
B：防災・エネルギー　6項目
C：デザイン　4項目
D：開発推進・運営　2項目

A　土地利用に関するガイドライン（案）

A-1　街区の大きさ

▶ **街区の大きさは2ha以上**

- 建物の平面規模を大きく取り、なおかつオープンスペース等も十分確保するため、街区の大きさは2ha以上を基本とする。
- これにより、自由な配棟計画、隣棟間隔の確保、住宅の見合い解消、道路率の向上、緑地の確保が可能となる。
- さらに、2ha街区を一対の4haの開発単位と捉えると、より一層自由な配棟計画、公共公益施設、エネルギー施設の設置等が可能となる。

8-17　街区規模のイメージ

A-2　オープンスペース

▶ **高層タワー部の建ぺい率は15%**

- 建物の建て詰まり感を低減し、足元に非常に大きなオープンスペースを確保することを目的に、高層タワーの建ぺい率を15%とする。
- オープンスペースは、平常時には憩い・活動の場となり、災害時には一時避難場所の機能を果たす。
- 2haの街区で建ぺい率を15%にすると、フロアプレートは約3,000㎡確保でき、オフィススペースとしても国際水準を確保できる。

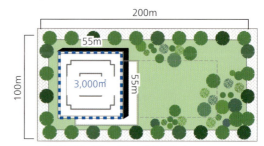

8-18　建物とオープンスペースのイメージ

建築面積　55m×55m＝約3,000㎡
建ぺい率　3,000㎡÷2ha＝15%

A-3 緑被率

▶ **敷地に対する緑被は 50%**

- タワー建ぺい率を抑えることによって創出されるオープンスペース・人工地盤を積極的に緑化し、敷地に対する緑被率を 50% とする。
- 自然地形、人工地盤上など、場所にあわせた多様な緑化手法を用いる。
- アジア諸都市では、都市開発にあわせた積極的な緑化に取り組んでいる。たとえばシンガポールでは 40%、上海では 35% が目標に掲げられている。

A-4 隣接街区との関係

▶ **街区のネットワーク化**

- 歩行者ネットワークや緑のつながり、街の賑わいを形成するように、隣接街区とのネットワーク化を図る。

A-5 コンパクト性

▶ **ウォーキングディスタンスにオールインワン**

- ウォーキングディスタンス（徒歩圏）で日常生活の全てが成り立つように、半径 400～500 m（50～100 ha）をゾーン単位とする。
- ゾーンの低層部には、店舗、保育園、小中学校、クリニック、介護施設、生活利便施設、スポーツ施設、寺社・教会等を配置する。

8-19 段階的整備イメージ

A-6 用途構成比

▶ **事務所：住宅：商業文化その他の用途構成比は 4：4：2**

- 職住の近接やシームレス化を支えるために、事務所：住宅：商業文化その他の用途構成比は4：4：2を基本とする。
- 地域特性を踏まえ、外国高度人材を受入れる商業施設や文化施設、宿泊施設等を整備する。地域全体の商業文化その他の用途構成イメージと、ゾーンごとの構成の特徴は下に示す通りとなる。

8-20 用途構成イメージ

【ゾーン毎の商業文化その他用途の方針例】
・新橋ゾーン：大衆文化と賑わいを活かした伝統芸能集積エリア
・虎ノ門・麻布台ゾーン：大使館が集積する安全で閑静な住宅エリア
・芝公園ゾーン：徳川霊廟を復元した江戸文化継承エリア
・六本木南ゾーン：先端的な情報・芸術を活かした現代アートエリア

8-21【参考】ニューヨークマンハッタン セントラルパーク南側周辺地区の用途構成

セントラルパーク南側周辺地区

セントラルパーク南側周辺地区（図中オレンジ色部分）の事務所：住宅：商業文化その他の構成比は4：4：2

A-7 可変性

▶ **長期間にわたって魅力を維持するための可変性・柔軟性の確保**

- 長寿命建物を時代の要請に応じフレキシブルに利用できるよう、事務所から住宅、住宅から店舗など多目的の用途へ容易に転用できる仕様とする。
- 都市インフラストックや建物設備（エレベーター、耐震設備、エネルギーシステム）は、常に最新のテクノロジーを導入・更新できるようあらかじめ配慮する。

A-8 低層部利用

▶ **地上15mを基本とした人工地盤ネットワークと東京礫層までの地下利用**

- 低層部の連続性を確保するために、地上15mを基本に人工地盤ネットワークを形成する。この人工地盤は、歩行者動線、地域内を移動する低速の自転車や、パーソナルモビリティの動線となる。
- 地下は、硬い地盤である東京礫層まで掘り抜き、積極的な地下利用を推進する。

8-22 人工地盤や地下利用のイメージ

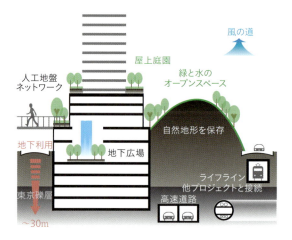

- 大深度地下にライフラインや高速道路ネットワークを構築し、ライフラインは拠点プロジェクト同士を結ぶ。
- 低層部・地下には、全体のおよそ 3 分の 1 の容積をおさめ、商業文化その他の用途を配置する。(「A-6 用途構成比」参照)

A-9 高度利用

▶ **メリハリのついた思いきった土地の高度利用**

- 多様な用途をコンパクトに集約し、思いきった土地の高度利用を図る。
- 「A-2 オープンスペース」、「A-3 緑被率」を確保し、タワー建ぺい率を抑えるために、建物の超高層化と地下化を積極的に推進する。
- さらに、各ゾーンの拠点開発など、国際性・先駆性を有し、地域全体の目標に資するプロジェクトについては、必要に応じて従来の容積率や建物高さを超えた高度利用を図る。(「D-1 プロジェクト推進」参照)

A-10 水の道(河川・地下水脈)

▶ **親水空間の再生・保全**

- 歩行者空間、親水広場等の憩い・にぎわいの空間を古川沿いに整備する。
- 古川沿いの開発においては、建物の配棟やセットバックに関するルールを定め、親水テラスを整備する。
- 地下水脈を分断しないよう配慮する。

A-11 風の道

▶ **地域内の風の道ルートを設定**

- 風の種類や規模により、風の道に階級を設ける。

一級風の道：東京湾からの風
二級風の道：古川、JR 線、グリーンベルト(芝公園―愛宕山―日比谷公園、環状 2 号線)
三級風の道：大規模緑地(クールスポット)からのにじみ出し

- 風の道に配慮した建物配棟や低層部のデザインとする。

A-12 自転車交通

▶ **自転車専用道の整備とレンタサイクルシステム構築**

- 目的に応じた 2 種類の自転車専用道を整備する。

地域間移動(高速)

人工地盤上に歩行者空間を設けることで、空いた地上幹線道路脇の従来の歩行者空間に、自転車専用道を整備する。

地域内移動(低速)

人工地盤上の歩行者空間脇に専用道を整備する。

- 各拠点等にステーションを整備し、地域内レンタサイクルシステムを構築する。
- 拠点地下を活用した駐輪場と、自転車専用道沿いの自転車停車場を整備する。

A-13 広域公共交通

▶ **地域内外の拠点や国際空港とのダイレクトアクセス**

- 周辺地域や国際空港までのアクセスを、リムジンバス、LRT、BRT などを活用して向上させる。
- 公共交通利用の増加に対応する交通インフラ整備を段階的に行う(駅改良、駅と各建物の接続、地下鉄・新交通・バス路線整備、水上交通整備等)。

B 防災・エネルギーに関するガイドライン(案)

B-1 耐震性

▶ **最高グレードの耐震性を確保**

- 最新の制振・免震技術を導入する。これにより、超高層建物の揺れを軽減し、建物内の人の不安を和らげ、家具等の転倒を防止する。
- 超高層建物の長周期地震動対策を行う。

B-2 受入れ・避難

▶ **半径400m以内に最低1ヶ所の受入れ・避難施設を整備**

- ゾーン(半径400〜500m以内)ごとに、低層部商業施設、駐車場、ホール、屋外広場等を活用した帰宅困難者受入れ施設を整備する。
- 劇場等の大規模集客施設は、震災時に速やかに帰宅困難者受入れ施設に転用できる仕様とする。
- 従業者・居住者を対象とした備蓄を行い、防災拠点では、さらに来街者のための十分な物資の備蓄を行う。
- 超高層建物では、屋上ヘリポート、中間避難階に備蓄・情報提供を行う避難ステーションを設ける。

8-23 2ha街区で確保できる受入れ避難スペース

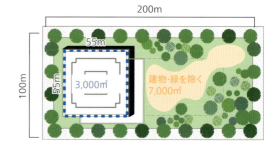

建物1フロア(帰宅困難者受入れ):
3,000㎡×70%÷1.65人/㎡=1,270人/フロア ※1 ※2

屋外(一時避難):
7,000㎡÷1.65人/㎡=4,240人

※1 延床面積のうち、柱や壁、通路を除く避難可能なスペース
※2 一人当たりの避難スペース必要面積

B-3 エレベーターの耐震性

▶ **震災時にも1バンク1台のエレベーターの運行**

- 震災時に停止したエレベーターを、早期復旧できるシステムを構築する。
- 最新の技術を活用し、大震災時にも一時停止することなく供用できるエレベーター設置を目指す。

8-24 防災・エネルギーの取り組みイメージ

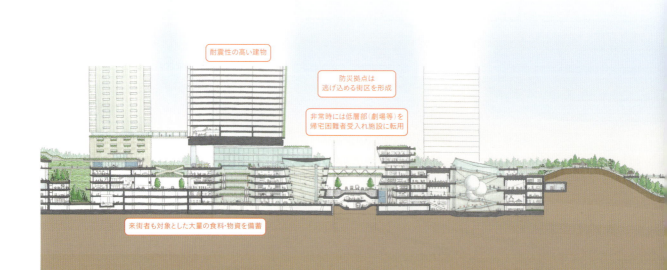

B-4 エネルギーの安定性

▶ **電気・熱・水の供給ネットワークの形成**

- 各ゾーンの拠点に電力・熱供給プラントを整備し、多重バックアップ体制を構築する。
- ゾーンの特性や開発動向にあわせ、大規模プラント、または分散型プラントを選択し整備する。
- ゾーン内外とのエネルギー融通体制を構築する。

B-5 省エネルギー性

▶ **CO_2 削減モデルのショーケース**

- 自然エネルギーの積極的な活用を図る。
- 各拠点の緑化により、ヒートアイランド現象を緩和する。
- 建物の環境性能（CASBEE、LEED等認証）を高める。
- 環境負荷の少ない公共交通の充実と、自動車利用の低減を図る。
- 物流システムの効率化を図る。

B-6 水循環

▶ **都市型水循環システムの構築**

- 台風やゲリラ豪雨に備え、調整池等の貯留機能を整備する。
- 地域の地盤高さや地下利用のしかたにあわせ、集客施設、避難施設、機械室、サーバ等の浸水対策を実施する。

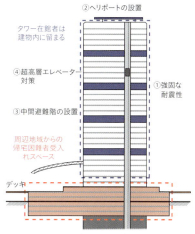

8-25 安心・安全な超高層建物

① 強固な耐震性
　▶ 揺れを抑える免震・制振技術を活用
② ヘリポートの設置
　▶ 災害時に緊急搬送・輸送に活用
③ 中間避難階の設置
　▶ 備蓄、情報提供を行い、避難ステーションとして機能
④ 超高層エレベーター対策
　▶ 地震発生時は安全に停止させ、その後早期復旧を行い、安全なエレベーターを避難輸送動線に使用
⑤ エネルギープラントの整備
　▶ 3重の安定性を持つ電源供給（ガス・電気・オイル）
その他
ソーラーパネル、井戸、情報発信パネル etc

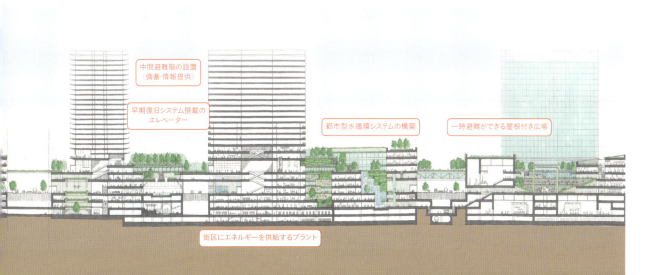

C デザインに関するガイドライン（案）

C-1 スカイライン

▶ **21世紀の東京を代表する都市イメージの形成**

- 増上寺参道、環状2号線沿道、国会議事堂、浜離宮恩賜庭園等、景観に配慮すべき都市軸やエリアを設定する。
- ペデストリアンデッキや東京湾、超高層建物の展望台等、視点場からの統一感・調和に配慮する。

C-2 ストリート

▶ **国際文化の散歩道の形成**

- 地域を東西に貫く国際文化の散歩道を、東京を代表するグレートストリートとして整備する。
- 歩行者（子どもからお年寄りまで）、自転車、パーソナルモビリティが共存するアメニティの高い空間を整備する。

C-3 低層部のつながり

▶ **連続性と回遊性の向上**

- ストリートに面する部分には、賑わいのある用途を積極的に配置し、個性的な表情をちりばめる。
- デッキ上の植栽や路面店等の連続性を確保し、歩いて楽しい空間を創出する。
- 既存の街並みとの連続性を保つため、建物スケールを近づけた計画や、十分な緩衝地帯の確保を図る。

C-4 バリアフリー

▶ **誰もがストレスを感じない地域**

- エレベーターやエスカレーター等を整備し、高齢者、障がい者等あらゆる人が快適に移動できるようにする。
- 街のインフォメーションは、多言語（日・英・西・中・韓5ヶ国語）で表記・発信する。
- 高度な情報通信ネットワークによりコミュニケーションをサポートし、利便性を高める。

ストリート

低層部のつながり

バリアフリー

D 開発推進・運営に関するガイドライン（案）

D-1 プロジェクト推進

▶ **計画協議制の導入**

- 各ゾーンの拠点等、開発を強力に推進すべき一定の区域については、質の高い開発・管理・運営能力を有する特定民間事業者を選定し、行政との計画協議や、一体的な開発・管理・運営を行う。
- 特定民間事業者が複数存在する場合は、エリアマネジメント組織を組成し、行政との計画協議や一体的な開発・管理・運営を行う。質の高い開発・管理・運営を行うエリアマネジメント組織には、より大きなインセンティブを与える。
- 特定民間事業者またはエリアマネジメント組織は、開発による固定資産税等の税収増額分の一定割合を得ることができ、エリア価値を高めるための維持管理や社会貢献施設の整備に充てる。

D-2 都市運営

▶ **エリアマネジメント制度の導入**

- ゾーンを基本単位とし、地域特性に応じたエリアマネジメント組織を組成する。
- エリアマネジメント組織で地域防災計画を定め、防災訓練を実施するなど高度防災の地域を育てる。
- 数十～数百戸の住宅で構成される超高層建物の居住者は、フロア単位等適性な単位でコミュニティ組成を図る。
- 従業者・居住者、日本人・外国人の分け隔てなく、地域の運営に参加できる仕組みをつくる。

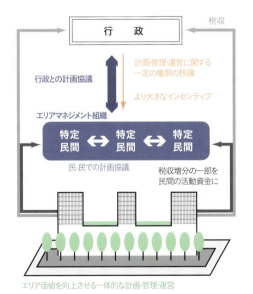

8-26 開発推進／運営の仕組み

公共空間でのイベント

防災訓練

地域清掃　　盆踊り

8-27 エリアマネジメントの取り組み事例

2025年の都市空間イメージ

2025年の赤坂・六本木・虎ノ門・新橋地域における、いくつかのライフスタイルのイメージを提示する。

アジアをリードするテクノロジーと豊かな自然が調和する都市生活が営まれ、世界中の人が集い、暮らす。強固かつ柔軟なインフラシステムが、自然災害から人々を守る。このような将来像を描き、共有し、実現していくことで、現在の私たちの想像を超える街が実現するだろう。

自然と触れ合い、世界に羽ばたく

広大な緑の空間に、木々に包まれたインターナショナルスクールが開校した。中庭の水田では、様々な国籍の子どもたちが稲刈りを教わり、花壇では多様な生物たちを、タブレット端末で観察している。

開放的な教室では、海外の学校でリアルタイムで対話しながら、インタラクティブな授業が行われる。ここで学んだ子どもたちは、英語をはじめとする多言語を自在に使いこなし、世界に向けて積極的にメッセージを発信する人材に育っていく。

世界一、ワクワクするストリート

地上のストリートは、歩行者のための賑わい空間。木漏れ日の中、人々が自転車やパーソナルモビリティでオフィスに向かう。LRTから、楽しそうな買物客や観光客たちが次々と降りてきた。マーケットでは元気な掛け声とともに、地域内の農園で生産された品々が売り買いされている。広場では、若者たちのパフォーマンスに歓声があがる。

沿道には、ここにしかない魅力的な店舗が軒を連ねている。ここは、最新のカルチャーを生み出す世界一発信力のある街である。

世界を魅了するナイトライフ

大きな公園の地下には、世界トップクラスの劇場や美術館がいくつも入っている。子どもづれの家族が最新のミュージカルを見に来ている。国際会議を終えた各国の代表たちも、小型EVに乗ってやってきた。色とりどりにドレスアップした多様な国籍の人々が、開演を心待ちにしている。自然の水と地形を利用した噴水が、地域内のエネルギープラントからの電力で輝くネオンに照らされて人々を迎える。

開演の時間になると大きな公園の向こうの広い空に、花火が次々と打ち上がる。この街は24時間、世界中の人々を魅了し、最新の文化を発信する場所である。

高低差のある地形を活かし、低層部を立体的に複合用途展開することで、豊かな交流が街なかで広がる。

8章 赤坂・六本木・虎ノ門・新橋地域のまちづくり

森・伊藤による
将来の都市空間イメージ

赤坂・六本木・虎ノ門・新橋地域の分析及び将来像、コンセプトである立体緑園都市の考え方をもとに、森稔と伊藤滋のふたりが将来の都市空間イメージ（グランドデザイン）を提案する。

都市空間の考え方と手法

考え方 I	**地域を貫く軸線** この地域の地形、都市基盤を読み解くと、中央部分に1本の軸線が浮かび上がる。軸線は、地域の東側では広幅員のシンボルロードである環状2号線で、地域の中央から西側にかけては複雑に入り組む山手台地の尾根部分に相当する。
手法	**軸線を［国際文化の散歩道］として整備** ▶ 安全で歩いて楽しい歩行者空間 　・デッキや地形の起伏を活用し、歩車分離を実現する。 ▶ 地域の多様な表情が楽しめるにぎわいの場 　・建物や空地が散歩道に対し開かれている。 　・低層部には地域特性を活かし、商業文化や、賑わい、憩いの空間を配置する。 ▶ 散歩道から広がる地域全体の歩行者ネットワーク 　・地域内の大規模施設や公園、既存の緑を核としたネットワークを整備する。

考え方 II	**多様な用途が集まる「峰」** 業・住・商・文・交・宿・医・教等の多様な用途が高密度で複合する高度集積拠点が、軸線上に連なる。高度集積拠点は「峰」にあたり、それらをつなぐ軸線は「尾根」と言える。
手法	**高度集積拠点を軸線上に整備** ▶ 東京都心の成長の原動力となる高度集積拠点 　・外国企業・高度人材誘致のためのスペック及び、高度防災機能を兼ね備えた都市開発プロジェクトを整備する。 ▶ メリハリのついた都市空間 　・周辺からの容積移転、地下空間の活用等によって、高度集積拠点では思い切った高度利用を促進する。 　・地域、ひいては東京の新たなシンボルとなる都市景観を形成する。 ▶ 地形や都市基盤に合わせた敷地形状 　・グリッド状の街区構成である桜田通り以東では、小規模土地を一体化しスーパーブロック化・高度利用を推進する。 　・街区が不整形で道路基盤が脆弱な桜田通り以西では、尾根上と谷地の高低差を活用した一体的高度利用を推進する。

8-28 地域を貫く軸線と高度集積拠点からのにじみ出し

考え方 III	**多様な機能集積と地域特性**
	軸線を中心に形成される多様な魅力は人々を惹き付ける。また、地域特性を読み解くと、軸線上の地域は大きく3つに分けることができる。
手法	**特色あふれる3つの文化都心を形成**
	▶ 地域特性を踏まえ、それぞれ異なる都市機能を強化
	・業務・文化都心（軸線東側）：地域の玄関口……知識創造型産業の集積、MICE、大衆文化
	・生活・文化都心（軸線中央）：丘と平地の融合……多様なバリエーションの居住、国際交流
	・国際文化都心（軸線西側）：文化の融合や受発信……アート、学び、エンタテインメント

考え方 IV	**軸線から離れた地域へのにじみ出し**
	高度集積拠点から発信される様々な活動や機能が、山腹から流れる水のように周辺へとにじみ出る。軸線上の地域とそれ以外の地域の連携を大切にする。
手法	**高度集積拠点と軸線から離れた地域は相互にサポートしあう関係を構築**
	▶ 軸線から離れた地域は地形などを活かし段階的に整備
	・赤坂周辺や浜松町周辺等の軸線から離れた地域は、緑の連続や建物規模の連続性を確保する。
	・人々の往来を支える交通・歩行者ネットワークを整備する。
	▶ 当地域に隣接する多様な機能を備える地域との連携
	・東京駅周辺や霞が関等、隣接する地域からのビジネス・行政機能の受容と、それら地域に不足する居住機能の提供をする。

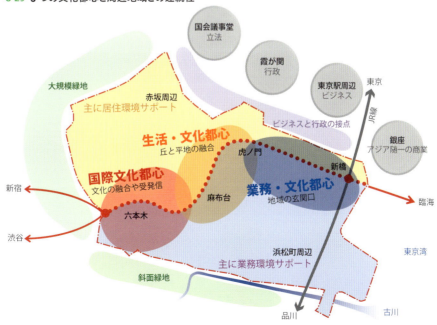

8-29 **3つの文化都心と周辺地域との連続性**

8章　赤坂・六本木・虎ノ門・新橋地域のまちづくり

森・伊藤による将来の都市空間イメージ［グランドデザイン］

4つの都市空間の考え方と手法

Ⅰ:軸線を「国際文化の散歩道」として整備　　Ⅱ:高度集積拠点を軸線上に整備

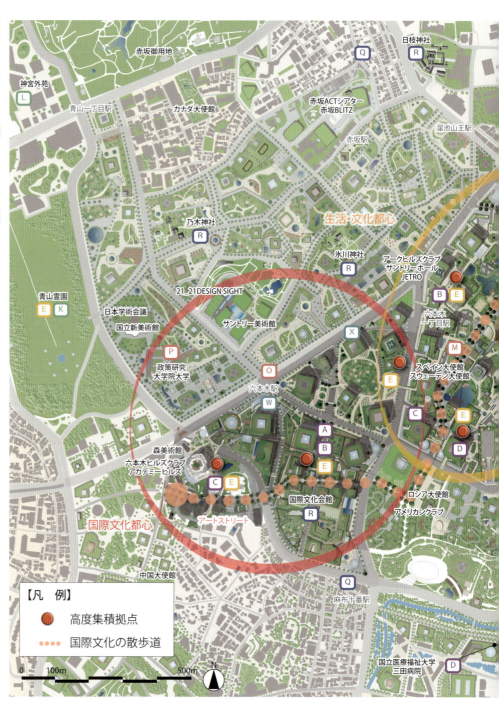

※図中A〜Zの各提案は、第2章「東京都心の将来像」（p.45）に掲げた指針Ⅰ〜Ⅵに基づくものである。

III：特色あふれる3つの文化都心を形成

IV：高度集積拠点と軸線から離れた地域は相互にサポートしあう関係を構築

情報・交流
- M 国際性豊かなミュージアムの誘致・整備
- N 大衆芸能劇場の整備
- O 六本木交差点の再生
- P 先進的ビジネススクールの整備

歴史・新陳代謝
- Q 商店街等の賑わい継承
- R 寺社や近代資産の保全・活用
- S 江戸徳川ミュージアムの整備
- T 小中高校の再整備

交通インフラ
- U 環2を活用したLRT・BRTの導入
- V 虎ノ門三丁目駅(仮称)の設置
- W 品川直結の地下鉄新線の整備
- X 首都高の地下化、高架撤去
- Y 環3未開通部分の整備
- Z 水上交通ターミナルの整備

3つの文化都心と
国際文化の散歩道

　国際文化の散歩道には、3つの文化都心の表情が現れる。また安全で歩いて楽しい散歩道を軸に、葉脈のように歩行者空間がネットワークされ、地域内外の回遊性を高める。

● **国際文化都心**

文化の融合と受発信

　世界中の人々が六本木の育む文化に惹き付けられ、24時間往来が途絶えない。

アート：六本木交差点を中心に、美術館や博物館が集積する。街なかにはギャラリーやアトリエが点在し、アーティストが暮らし、芸術文化を体感できる。

学び：六本木では既存の大学の機能を拡張し、世界的ビジネススクールが立地する。世界からのビジネスパーソンの知的欲求にも応える。保育園・幼稚園から高等教育機関まで立地し、子どもたちの成長を支える。

エンタテインメント：六本木通り沿いのエンタテインメントストリートでは、いつ訪れても多様なジャンルの舞台や音楽、食文化やナイトライフを楽しむことができる。

● **生活・文化都心**

丘と平地の融合

　豊かな文化や自然、国際交流を通じてアイデアあふれるライフスタイルを実現する。

暮らし：土地の起伏や緑地を活かした、落ち着きのある散歩道が広がる。ガーデニングや都市菜園を楽しむことができ、生活の中で彩りや安らぎを感じられる。子どもから高齢者まで、安心して住まうことのできる環境を形成する。

国際交流：多くの大使館が立地し、各国の文化や歴史を体感できる。さらには、交流クラブや劇場、ホテルが立地し、ハイセンスな人々が集まることで独特の文化が培われる。

● **業務・文化都心**

地域の玄関口

　地域のゲートであり、世界中の情報やアイデアが集まり新たなビジネスが創造される。

ビジネス：地域の中心に、大規模カンファレンス施設が立地する。国内企業と外国企業の交流やマッチングが絶え間なく行われ、東京発の創造性豊かなビジネスが発信される。ビジネスの場は、オフィス内だけでなく外部の賑わい空間へと展開する。

大衆文化（ショッピング＋食文化＋芸能）：新橋駅から伸びるガレリア空間は、シンボルロードへとつながり、ウインドウショッピングが楽しめる。広幅員の歩道ではマーケットが軒を並べ、イベントが行われる。落語や寄席などの大衆文化が、訪れる人々を楽しませる。

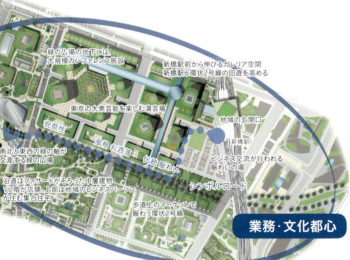

21世紀の都市文化の国際的担い手であった森稔氏

伊藤 滋

　アークヒルズ完成の頃から、森泰吉郎氏と稔氏は、将来の六本木ヒルズ完成にむけ、虎ノ門から麻布・六本木にわたる地域一帯のイメージをどう向上させるかについて真剣に考えていた。

　アークヒルズ竣工の1年前、1985年頃だったと思う。泰吉郎氏と稔氏と私が、その点について話をしている時、私はこの地域一帯を文化都心と名付けることを提案した。何故ならば、すでにこの地域では、服飾デザイン、音楽プロダクション、建築設計事務所等の現代の先端をゆく文化的企業が数多く集まっていた。そして、その企業活動に結びつく数多くの文化人もいろいろなサロンを作って集まってきていた。稔氏は、この私の提案にすぐに賛意を示した。

　稔氏は、学生時代から文化的な活動に強くひかれていた。東大駒場時代には新聞部や文学研究会に属し、新聞部の後輩には、リクルート創始者の江副浩正氏も所属していたらしい。また、アークヒルズ着工の頃には、彼が敬愛していたル・コルビジェの絵画・建築スケッチの、世界有数のコレクターにもなっていた。泰吉郎氏没後から稔氏は、六本木ヒルズを文化的に色付けすることに最大限の努力をかたむけた。彼は、父泰吉郎氏がアーク都市塾として開講したやや地味な私塾を、六本木ヒルズではアカデミーヒルズと名を変え、多彩な文化人・経済人を招聘し、質の高い社会人向け教育組織に改めた。そしてこのアカデミーヒルズには、数多くの個人専用机を備えた極めて使い易い図書館を併設した。この事業は、多くの愛好者を集め大成功であった。

　最も特筆すべきことは、森タワーの最上階に森美術館を開設したことである。この森美術館は、稔氏のかねてからの念願であった。この美術館を拠点として現代美術・建築デザインの紹介が次々と展開されることとなった。森美術館は、昭和30年代～40年代に我国から国際的

に発信された、若手建築家集団によるメタボリズム運動を展示した。もし、森美術館がこの主題をとりあげなければ、このメタボリズムも昭和の歴史の流れのなかに埋没しかねない危険性があった。六本木森タワーの最上部の4層ほどには、これらの文化施設が配置されている。このような床の使い方は他の不動産会社の貸しビルにはみられない。

　稔氏の文化活動は、芸術領域にのみ限定されることはなかった。コンピューター技術と在来の模型製作技術を併用することで、都市の1/1000サイズによる精密な立体的表現という芸術工学的分野まで彼の活動は拡がっていった。この都市模型による巨大都市の紹介は、我国よりも世界の大都市の関心をひきつけた。その結果、東京に続いて、ニューヨークや上海といった都市模型も製作され、その一部は海外の諸都市に出展されることになった。

　稔氏の文化活動への強い関心は、必然的に彼の対人関係を多彩なものにしていった。身構えずに誰とでも気楽に話をする彼の持前の性向と、森ビル独特の文化活動の展開により、国内外の指導者との交友関係が拡がっていた。

　元総理の森喜朗氏との交友関係は有名であるが、文化活動への関心から小泉、鳩山、細川氏等歴代の総理との交際も生まれてきた。それには佳子夫人の後盾があったことも見逃せない。また、安藤忠雄氏に表参道ヒルズの設計を依頼することで生まれた、稔氏と安藤氏の交友関係は、設計の発注者と受託者の域をこえた友人関係になった。アメリカ、英国等の欧米各国大使館との交流も親密なものになってきた。21世紀に入って、六本木ヒルズと上海環球金融中心の完成により、森ビルと稔氏の名前は世界中にひろまっていった。そして、海外から多くの経済人・文化人が彼を訪れるようになった。この新しい国際的な人間関係が生まれることで稔氏は、東京にいながら海外の巨大都市発展の実

情、ひいては経済変化の動向を適確に知ることが出来るようになった。このようにして、21世紀の都市文化の発信者となった稔氏は、再び都市デザイナーとして彼独特のデザイン提案を世に問うことになった。

それは、直線で箱型志向の日本的超高層ビル群に疑問を呈し、国際的観点に立った曲線的建築デザインのモチーフを演出することであった。欧米先進諸都市の超高層ビル群には、曲線によるデザインが多い。著名な国際的建築家の作品の中には、曲線のデザインによる傑作が多々ある。したがって、国際都市東京にも、当然曲線を用いた建築作品があって良い、そう彼は考えた。稔氏にとって、アークヒルズは直線建築の終わりであった。

その後、海外の著名建築家を招きながら彼は曲線主張の建築群を次々と創造するようになった。シーザー・ペリのデザインによる愛宕グリーンヒルズ、アークヒルズ仙石山森タワーを始め、KPFデザインによる六本木ヒルズ、上海環球金融中心、そして環状2号線を跨ぐプロジェクトすべて曲線を主題とした建築作品である。曲線建築をつくり上げることで、稔氏は日本の国内志向の直線的な建築に、国際的な影響を与えようと考えたに違いない。これこそ、稔氏の国際化した文化都心の具現化の一環であったと思う。

稔氏の文化都心構想が最も具体的に描かれたのが"グランドデザイン"であろう。ここで重要なことは、その空間像だけが彼の究極に目指す文化都心の都市像であったのではないということである。彼はむしろ、その物理的都市空間の場で繰り広げられる新しい現代文化と芸術の創造が美しく開花して、東京の既成の文化を変えていくことを念願していたと思う。このグランドデザインの場は、日本の枠組みのなかで国際化された文化芸術の場ではない。国際社会の枠組みの中に日本が表出されてくる文化芸術の

場であると考えていたに違いない。そのためにグランドデザインの場は、我国の因習と馴れ合いの結果としてつくりだされた東京の既成市街地とは隔絶する必要があると考えた。

　彼は最近、私にこのように話していた。「ここには出来るだけ多くの文化的なエンタテインメント施設を配置したい。ニューヨークのブロードウェイを超える現代演劇の場所を、グランドデザインの場につくりたい」と。

　この話をしている時、もはや彼は不動産経営者の域を超えていた。彼は真剣に次のような夢を現実にすることを考えた。「グランドデザインの場では、欧米諸都市にはみられない、深い厚みのある樹林と園芸のスペースがあっても良い。そこに、海外の芸術家・文化人が多数集まって、パリのモンパルナスを超える芸術運動が展開される街があっても良い。そこでは東アジアの若者と日本の若者が集まり、アジア文明と欧米文明を融合させた無数のイベントを展開してもらいたい。このグランドデザインの場を、これからの日本文明が世界の巨大都市を牽引してゆく実践の場としよう」。それゆえにこそ、この立体緑園都市構想を具体化したグランドデザインの場が、他の東京の都心地域と隔絶している意味があるのである。

　これが日本を愛する稔氏の心からの思いであった。

結びにかえて

東京の都心居住を考える―誘導容積制度の提案

　都心のあたらしい街づくりを考える会都市構造検討委員会では、2006年からほぼ10年間活動を続け、「大学を活かした東京都心のまちづくり」に始まり、「水と緑を活かした東京都心のまちづくり」、「エリアマネジメントで実現する成熟時代のまちづくり」、「東京都心における交通インフラとまちづくり」と検討を進め、「東京都心のグランドデザイン」に関する調査研究を挟み、「低炭素で防災に優れた東京都心のまちづくり」、「オリンピック後をみすえた東京都心のまちづくり」等について議論してきた。

　これらの問題と関連して、都心居住についても触れてきたが、もう少し都心居住についての私論を展開してみたい。

　戦後東京圏は人口増に伴い郊外へ居住地が拡大していった。特に昭和40（1965）年前後10年間くらいは80万人／年程度の凄まじい人口増であった。しかし、少子高齢社会となった現在において、都心居住を促進する必要があるのではないだろうか。

　誰が都心居住を必要とすべきなのかが課題となる。日本では庭付き戸建住宅を取得することがサラリーマンの最終目標となっていたが、定年後の高齢者にとって郊外の庭付き戸建住宅は安心安全な居住環境を保障されたものではなくなってきている。また、子供がない若い夫婦や独身の人は、色々とアメニティのある都心は魅力的な居住スペースではないだろうか。但し、子供が生まれたら育児の環境としては郊外の住宅が優れていると考えられる。

　老人・若夫婦が住める住宅が都心で供給できるのか？　現在のままでは地価の高い都心では簡単ではない。現在の都市計画の用途、容積、建ぺい率は、土地の広さに関係なく決められている。そこで、これを改め、土地を大きく（広く）するとメリットがあるようにすることはできないだろうか。そこで、提案したいのが誘導容積制度である。これは、小さい広さの土地については低層住宅とし、容積／建ぺいを100／50とし、大きくなるに従って用途も変更し容積／建ぺいも1,300／100としてはどうであろうか。

　このようにすると土地を大きくすることのメリットができ、土地の統合が進み、大街区の土地が出現する確率が高くなる。このような土地に、老人、若夫婦、独身の人々が住む40〜60㎡程度の住宅を住宅供給公社やURによって提供し、かつ老人、若夫婦、独身の人を考えれば、賃貸住宅とすることが望ましい。またこの高層住宅には、下層に商業、公益施設等を配置し、この人たちへの利便性を高くするのは如何であろうか？

　このような都心居住を実現できると、少子高齢社会の都心のイメージがより一層明らかになってくると考える。

一般財団法人計量計画研究所代表理事　黒川　洸

付録

特定非営利活動法人
都心のあたらしい街づくりを考える会

　本書は、特定非営利活動法人都心のあたらしい街づくりを考える会に設置された都市構造検討委員会の活動に基づいてまとめられたものである。

　この法人は、様々な分野の知識・経験をもつ者が協力し、特定非営利活動促進法に掲げる街づくりの推進に係る活動を行い、東京都心地区を重点に、広範な視点から好環境の街づくりの提案をし、啓発・政策提言等を行うことにより、豊かで魅力的な都市空間の形成及び地域の活性化に貢献し、ひいては東京、日本の魅力増進に寄与する、21世紀の世界都市モデルとなる街づくりを誘導することを目的としている。

　現在、都市構造等について街づくりの技術的・専門的側面から調査検討を行う都市構造検討委員会と、都市の魅力向上について国際性・文化性等の側面から調査検討を行う魅力検討委員会の2つの委員会が設置されている。

設 立	2004年10月
会 長	伊藤 滋（早稲田大学特命教授）
理事長	福川 伸次（一般財団法人 地球産業文化研究所顧問）
委員会活動	都市構造検討委員会（2017年3月現在15名） 魅力検討委員会（2017年3月現在14名）
事務局 (事務局長)	一般財団法人　日本開発構想研究所 （阿部 和彦）

●都市構造検討委員会　　　　　　　　　　　　　　　　　　　　　　　　　　　　（委員長・副委員長以下五十音順）

委員	所属・役職	在任期間
伊藤 滋（委員長）	早稲田大学特命教授	2006～
青山 佾（副委員長）	明治大学教授	2006～
合場 直人	三菱地所株式会社　代表執行役執行役専務	2011～
浅見 泰司	東京大学教授	2006～
市川 宏雄	明治大学教授	2006～
尾島 俊雄	早稲田大学名誉教授	2006～
加藤 宏史	住友不動産株式会社　取締役住宅再生事業本部長	2011～
岸井 隆幸	日本大学教授	2006～
北原 義一	三井不動産株式会社　取締役副社長執行役員	2016～
黒川 洸	一般財団法人計量計画研究所　代表理事	2006～
越澤 明	北海道大学名誉教授	2006～
小林 重敬	横浜国立大学名誉教授	2006～
辻 慎吾	森ビル株式会社　代表取締役社長	2012～
長島 俊夫	株式会社長島俊夫都市づくり研究所　代表	2006～
安岡 省	東京ガス株式会社　代表取締役副社長執行役員	2016～

●歴代委員（※所属・役職は辞任当時）　　　　　　　　　　　　　　　　　（個人名、団体名別五十音順、同一団体等の委員は在任期間順）

委員	所属・役職	在任期間
菊竹 清訓	日本建築士会連合会　名誉会長	2006 〜 2011
黒川 和美	法政大学教授	2006 〜 2010
成戸 寿彦	元 東京都技監 兼 都市計画局長	2006 〜 2012
杉浦 浩	元 東京都都市整備局 技監	2012 〜 2016
小野寺 研一	住友不動産株式会社　代表取締役社長	2006 〜 2008
中村 芳文	住友不動産株式会社　代表取締役住宅再生事業本部長	2008 〜 2011
草野 成郎	東京ガス株式会社　代表取締役副社長執行役員	2006 〜 2007
村木 茂	東京ガス株式会社　取締役副会長	2007 〜 2014
救仁郷 豊	東京ガス株式会社　代表取締役副社長執行役員	2014 〜 2015
村関 不三夫	東京ガス株式会社　取締役常務執行役員	2015 〜 2016
森本 宜久	東京電力株式会社　取締役副社長	2006 〜 2007
木村 滋	東京電力株式会社　取締役副社長	2007 〜 2010
藤原 万喜夫	東京電力株式会社　常務取締役販売営業本部副本部長	2010 〜 2011
山枡 勝彌	三井不動産株式会社　上席主幹	2006 〜 2012
小野澤 康夫	三井不動産株式会社　常務執行役員	2012 〜 2016
森 稔	森ビル株式会社　代表取締役会長	2006 〜 2012
山本 和彦	森ビル株式会社　取締役副社長執行役員	2006 〜 2013

●主な活動概況

活動時期	活動テーマと活動内容等
2006 〜 2009	「大学を活かした東京都心の街づくり」に関する調査研究
2008. 3	「都心のあたらしい街づくりの提案 世界に比類のない国際大学都市の形成」報告書　（⇒本書第7章関連）
2009. 4	「東京の挑戦　世界に比類のない国際大学都市を目指して」シンポジウム 伊藤滋（早稲田大学特命教授、都心のあたらしい街づくりを考える会会長）、白井克彦（早稲田大学総長）、成澤廣修（文京区長）、佐々木かをり（株式会社イー・ウーマン代表）、青山佾（明治大学教授）、市川宏雄（明治大学教授）
2009. 10	「A proposal of new urban development for central Tokyo　Creating the super interntional academic city」報告書 （都心のあたらしい街づくりの提案　世界に比類のない国際大学都市の形成（英字版））　（⇒本書第7章関連）
2009 〜 2010	「東京都心の水と緑」に関する調査研究
2010. 6	「東京都心の水と緑の変遷　緑の創出と再開発」報告書　（⇒本書第3章関連）
2010 〜 2012	「東京都心のエリアマネジメント」に関する調査研究
2010 〜 2014	「東京都心の交通ネットワーク」に関する調査研究
2011 〜 2012	「東京都心のグランドデザイン」に関する調査研究
2012. 6	「国際性・先駆性を有するアジアを代表する都心の創造［赤坂・六本木・虎ノ門・新橋地域のまちづくり］」報告書 （⇒本書第2、8章関連）
2012. 10	「国際都心創造への挑戦　〜赤坂・六本木・虎ノ門・新橋地域のグランドデザイン〜」シンポジウム 伊藤滋（早稲田大学特命教授、都心のあたらしい街づくりを考える会会長）、明石康（公益財団法人国際文化会館理事長）、アンドレアス・ダンネンバーグ（アド・コムグループ代表取締役社長）、隈研吾（建築家）、南條史生（森美術館館長）
2012. 12	「エリアマネジメントで実現する成熟時代のまちづくり - 高度防災・環境先進都心を育てる - 」報告書　（⇒本書第6章関連）
2014. 1	「活力と快適性を備えた国際都心実現のために〜東京都心部における交通インフラと街づくりの提案〜」報告書 （⇒本書第4章関連）
2014. 2	「THE FUTURE OF THE ARTS AREA [AKASAKA-ROPPONGI-TORANOMON-SHIMBASHI] Creation of a Cultural Center in Tokyo」報告書　（国際性・先駆性を有するアジアを代表する都心の創造［赤坂・六本木・虎ノ門・新橋地域のまちづくり］（英字版））　（⇒本書第2、8章関連）
2014 〜 2016	「将来の東京都心の都市構造」に関する調査研究　（⇒本書第1章関連）
2015 〜 2016	「東京都心のエネルギーと防災」に関する調査研究　（⇒本書第5章関連）
2017. 3	書籍「かえよう東京〜世界に比類のない国際新都心の形成〜」

各章とりまとめ担当委員略歴

伊藤 滋　いとう・しげる
都市計画家。早稲田大学特命教授、東京大学名誉教授。1931年東京生まれ。東京大学農学部林学科、同工学部建築学科卒業。東京大学大学院工学系研究科建築学専攻博士課程修了。工学博士。東京大学工学部都市工学科教授、慶應義塾大学環境情報学部教授、日本都市計画家協会会長、建設省都市計画中央審議会会長、内閣官房都市再生戦略チーム座長などを歴任。

―

青山 佾　あおやま・やすし
明治大学公共政策大学院教授。1943年東京生まれ。都市論、日本史人物論、自治体政策。中央大学法学部卒業。1967年都庁入庁。都市計画局課長、高齢福祉部長、計画部長、政策報道室理事などを歴任。1999～2003年、石原慎太郎知事の下で東京都副知事。2004年より現職。

―

越澤 明　こしざわ・あきら
（一財）住宅保証支援機構理事長。（一財）住宅生産振興財団顧問、北海道大学名誉教授。1952年生まれ。東京大学工学部都市工学科卒、東京大学大学院博士課程修了。工学博士。中央防災会議首都直下地震対策専門調査会委員、国土交通省社会資本整備審議会住宅宅地分科会長、同都市計画・歴史的風土分科会長などを歴任。江戸東京博物館運営委員会委員、犬山市歴史まちづくり協議会会長、美濃市歴史まちづくり協議会会長など。鎌倉市市政功労者。中国長春市栄誉市民、中国清華大学産業発展与環境治理研究中心（CIDEG）研究員。

―

岸井 隆幸　きしい・たかゆき
日本大学教授。1953年兵庫県生まれ。1977年東京大学大学院都市工学専攻修士課程修了。建設省（当時）入省。1992年日本大学理工学部土木工学科専任講師。1995年日本大学理工学部土木工学科助教授。1998年より現職。（公社）日本都市計画学会会長、環境省中央環境審議会臨時委員、東京都景観審議会会長、神奈川県都市計画審議会会長、川崎市都市計画審議会会長、熊本県デザイン会議座長などを歴任。

―

尾島 俊雄　おじま・としお
早稲田大学名誉教授。1937年富山県生まれ。工学博士。（一社）都市環境エネルギー協会理事長、（一財）建築保全センター理事長（現職）、早稲田大学理工学部教授、同理工学部長、東京大学客員教授、日本建築学会会長、日本学術会議会員などを歴任。2008年日本建築学会大賞受賞。

―

小林 重敬　こばやし・しげのり
横浜国立大学名誉教授。（一財）森記念財団理事長、NPO法人大手町丸の内有楽町エリアマネジメント協会 理事長（現職）。1942年東京生まれ。東京大学工学部都市工学科卒業。同大学院工学研究科都市工学専攻修了。工学博士。横浜国立大学工学部助教授、教授、大学院工学研究院教授、武蔵工業大学教授、国土交通省社会資本整備審議会臨時委員、国土審議会特別委員、文部科学省文化審議会専門委員などを歴任。

―

市川 宏雄　いちかわ・ひろお
明治大学公共政策大学院ガバナンス研究科長・教授。（一財）森記念財団理事。1947年東京生まれ。早稲田大学理工学部建築学科、同大学院博士課程を経てカナダ政府留学生としてウォータールー大学大学院博士（Ph.D.）。専門は都市政策、都市地域計画、危機管理、次世代政策構想。現在、渋谷区基本構想審議会会長、文京区都市計画審議会会長、日本危機管理士機構理事長、日本自治体危機管理学会常任理事。

編集補助
阿部和彦　成吉栄　浅野裕　清水陽一朗
小林穣　宮川啓輝

製作協力
株式会社鹿島出版会　川嶋勝
株式会社エディトリーチェ　國分由加
株式会社ハーヴェスト

デザイン
株式会社マツダオフィス　松田行正　日向麻梨子
　　　　　　　　　　　　杉本聖士

かえよう東京　世界に比類のない国際新都心の形成

2017年4月17日　第1刷発行

編	特定非営利活動法人　都心のあたらしい街づくりを考える会
	都市構造検討委員会
監　修	伊藤　滋
発行者	坪内文生
発行所	鹿島出版会
	〒104-0028　東京都中央区八重洲2-5-14
	電話03-6202-5200　振替00160-2-180883
印　刷	三美印刷
製　本	牧製本

©Association for Tokyo Urban-Core Rejuvenation 2017, Printed in Japan
ISBN 978-4-306-07334-0 C3052

落丁・乱丁本はお取り替えいたします。
本書の無断複製（コピー）は著作権法上での例外を除き禁じられています。また、代行業者等に依頼してスキャンやデジタル化することは、たとえ個人や家庭内の利用を目的とする場合でも著作権法違反です。

本書の内容に関するご意見・ご感想は下記までお寄せ下さい。
URL: http://www.kajima-publishing.co.jp/
e-mail: info@kajima-publishing.co.jp